SIGRID SCHÖPE

ZIRKUS—TRICKS mit Pferden

MIT KOSMOS MEHR ENTDECKEN

Motivieren

Gymnastizieren

Partnerschaft stärken

SEIT 1822

KOSMOS

Inhalt

4 **Spiel, Spaß und Motivation**

6 **Die Grundlagen**
8 Trainingsstrategien
10 Die Hilfen
12 Material und Zubehör

14 **Aufwärmprogramm**

16 Dehnen und Lockern
18 Im Stangenparcours
20 Schwungvoller Auftritt
22 Die Nerven stählen

24 **Zirkuslektionen**

26 Plié
28 Spanischer Schritt
30 Spanischer Schritt mit Reiter
32 Das Kompliment
34 Kompliment mit Reiter
36 Knien
38 Liegen
40 Liegen mit Reiter
42 Flach liegen
44 Sitzen
46 Steigen an der Hand
48 Steigen mit Reiter

50 **Podestarbeit**

52 Übungen auf dem Podest
54 Podestarbeit mit Reiter

56 **Tricks**

58 Decke ausziehen
60 Mütze abziehen
62 Beine kreuzen
64 Tauziehen
66 Aufräumen
68 Fußball spielen

70 **Wohlfühlprogramm**

74 **Service**

72 Darf ich vorstellen? Die Akteure
74 Zum Weiterlesen
75 Nützliche Adressen
76 Register

Spiel, Spaß und Motivation

Bodenarbeit gehört in allen Disziplinen und Reitweisen zur grundlegenden Ausbildung eines Pferdes und ist die Basis für eine gute Partnerschaft. Suchen Sie neue Herausforderungen und mehr Abwechslung im Training, dann ist das Üben von kleinen Tricks und Zirkuslektionen ideal. Zirkuslektionen machen Spaß, erhöhen die Motivation auf beiden Seiten und stärken das Selbstvertrauen. Je nachdem, welche Übungen Sie auswählen, können die einzelnen Lektionen auch einen gymnastizierenden Effekt für das Pferd haben. Ich bin sicher, auch Sie und Ihr Pferd werden von den unterschiedlichen Übungen in diesem Buch profitieren!

GUT VORBEREITET

Es ist von Vorteil, wenn Ihr Pferd bereits grundlegende Übungen aus der Bodenarbeit kennt. Dazu gehört, dass es ruhig stehen bleibt, sich überall anfassen und problemlos führen lässt. Beginnen Sie bitte immer mit einem kleinen Aufwärmtraining, das beugt Verletzungen vor.

Nicht alle Zirkuslektionen eignen sich für jedes Pferd. Mit einem sehr dominanten Pferd sollte man Steigen oder Spanischen Schritt besser nicht einüben. Ein schüchternes Pferd dagegen gewinnt durch die Podestarbeit an Selbstbewusstsein. Überlegen Sie sich, welche Lektion für Sie und Ihr Pferd passt.

Gerade schwierigere Übungen wie das Steigen lassen Sie sich am besten von einem guten Trainer zeigen. Jedes Pferd reagiert anders und Sie sollten sich keiner Gefahr aussetzen.

NATÜRLICHES VERHALTEN

Zirkuslektionen basieren auf den natürlichen Verhaltensweisen des Pferdes. Ein Pferd, das imponieren möchte, zeigt vielleicht den Spanischen Schritt. Bei spielerischen Kämpfen sieht man oft steigende oder kniende Pferde. Diese Bewegungen nutzt man, indem man sie separiert und auf Kommando abrufbar macht.

Tricks sind eine nette Ergänzung im Repertoire. Wenn Ihr Pferd bei den Zirkuslektionen gern mitarbeitet, wird es auch kleine Tricks schnell lernen. Lassen Sie sich durch dieses Buch oder auf Messen oder Veranstaltungen inspirieren. Der Fantasie sind keine Grenzen gesetzt. Das Schöne ist, dass Sie mit Ihrem Pferd meist schnelle Erfolgserlebnisse haben. Sie loben Ihr Pferd oft und haben viel Spaß miteinander – das stärkt Ihre Freundschaft!

Die Grundlagen

Prinzipiell können Sie mit allen Pferden Zirkuslektionen erarbeiten, unabhängig von Alter, Rasse oder Ausbildung. Nehmen Sie aber Rücksicht auf den Charakter und die Fähigkeiten Ihres Pferdes: Mit hektischen Pferden sollten Sie besonders ruhig und gelassen üben. Junge Pferde haben häufig Spaß am Lernen von Tricks, können sich aber möglicherweise noch nicht so lange konzentrieren. Bei Pferden mit gesundheitlichen Problemen sollten Sie vorab einen Tierarzt oder einen erfahrenen Trainer fragen, welche Übungen sich eignen und keinen Schaden anrichten.

VERTRAUEN

Das Erlernen von Zirkuslektionen schenkt Ihnen und Ihrem Pferd viele positive Erlebnisse. Es wird mit Sicherheit Ihr Verhältnis verbessern. Es ist aber wichtig, dass Sie bereits angst- und aggressionsfrei miteinander umgehen.

In meinem Buch „Bodenarbeit mit Pferden" habe ich die Grundlagen des Führtrainings erklärt. Kennt Ihr Pferd die Arbeit am Boden, haben Sie es auch beim Üben von Zirkuslektionen leichter. Je besser die Basisarbeit, desto schneller wird Ihr Pferd verstehen, was Sie von ihm wollen. Das ist wichtig, um seine Motivation zu erhalten.

ÜBUNGSPLATZ

Üben Sie auf einem umzäunten Platz. Das kann der Reitplatz sein, ein Roundpen oder eine Koppel. Auf der Weide haben Sie es vermutlich zunächst nicht leicht, Ihrem Pferd begreiflich zu machen, warum es nun nicht fressen, sondern arbeiten soll.

Sie sollten anfangs allein mit Ihrem Pferd auf dem Übungsplatz sein, damit es nicht unnötig abgelenkt wird. Später, wenn es seine Aufgaben routiniert meistert, stören auch andere Pferde und Reiter das Training nicht mehr. Für manche Pferde ist es allerdings einfacher, wenn sie mit einem Freund auf dem Übungsplatz sind. Beobachten Sie, wie Sie für Ihr Pferd die beste Atmosphäre schaffen.

Für Übungen, bei denen das Pferd vermehrt Bodenkontakt bekommt (Knien, Ablegen, Kompliment etc.), ist ein weicher Boden angenehmer.

Trainingsstrategien

Das Schöne an Zirkuslektionen ist, dass man sie später in nahezu jeder beliebigen Reihenfolge ausprobieren und kombinieren kann. Dadurch ist man beim Üben viel freier und kann tun, was wirklich Spaß macht. Hiervon profitieren auch die Pferde, wenn Sie beim Training richtig vorgehen. Sie bekommen für relativ wenig Anstrengung viel Lob. Das motiviert und führt dazu, dass Lernen positiv verankert wird.

▲

LOBEN

Lob ist die wichtigste Rückmeldung, die Sie Ihrem Pferd geben können. Das kann ein freundlich gesprochenes "Braav!" sein, ein feines Streicheln am Hals oder ein Futterlob. Zu Beginn bewährt es sich oft, bereits kleine Erfolge mit Leckerli zu belohnen, später loben Sie mehr verbal und geben nur noch hin und wieder ein Leckerli. Gönnen Sie dem Pferd nach dem Loben eine kurze Denkpause, um das Gelernte zu verarbeiten. Das Lob ist so entscheidend in der Ausbildung, dass ich Sie immer wieder daran erinnern werde.

IGNORANZ

Verhält sich Ihr Pferd nicht wie gewünscht, ignorieren Sie das am besten. Vielleicht versteht es Sie nicht richtig, weiß noch nicht, was es tun soll und ist deswegen einfach unsicher.

Wiederholen Sie Ihre Signale und loben Sie bereits den kleinsten Ansatz einer richtigen Reaktion. So kommen Sie Schritt für Schritt zum Ziel.

▼

IN ALLER RUHE

Pferde lernen wie wir Menschen unter Stress nur schlecht. Bemerken Sie, dass Ihr Pferd hektisch wird, prüfen Sie zunächst Ihren eigenen Gemütszustand. Sind Sie selbst ruhig und entspannt oder haben Sie allen Tagesärger mit zum Pferd genommen? Welche Signale sendet Ihr Körper vielleicht ganz unbewusst aus? Wie ist Ihre Mimik: freundlich? Oder ist da vielleicht ein Stirnrunzeln zu sehen?

Manche Pferde werden auch aufgeregt, wenn sie nicht verstehen, was sie tun sollen. Gehen Sie dann in den Lernschritten zurück, bis Ihr Pferd die Aufgabe, die Sie ihm stellen, lösen kann. Klappt es, dann loben Sie ausgiebig! Meist können Sie am nächsten Tag an diesem Punkt weiterüben und das Pferd bewältigt auch den nächsten Schritt. Manchmal dauert es aber einfach länger, bis eine Lektion gelernt ist. Bleiben Sie freundlich, gelassen und geduldig.

RECHTZEITIG AUFHÖREN

Oft machen die Pferde bei der Zirkusarbeit sehr konzentriert mit und freuen sich über die Anerkennung. Überfordern Sie Ihr Pferd aber trotz aller Begeisterung nicht. Beenden Sie das Training in einem guten Moment. Das steigert die Motivation, wieder daran anzuknüpfen.

Die Hilfen

Die Herausforderung beim Erlernen von Lektionen und Tricks besteht darin, dass das Pferd unsere Sprache verstehen muss. Vor allem anhand der Körperhaltung und zusätzlicher Hand- oder Gertenzeichen erkennt es, was es tun soll. Daher ist es wichtig, dass Sie konsequent dieselben Signale verwenden. Kommandos und Körpersprache müssen so deutlich sein, dass es für das Pferd einfach ist, die unterschiedlichen Übungen voneinander zu trennen.

HILFSMITTEL

Halfter, Gerte und Seil verdeutlichen Ihre Hilfen ebenso wie das Lob im richtigen Moment. Es dauert manchmal ein bisschen, bis das reibungslose Zusammenspiel aller Hilfsmittel klappt. Das zeigt, dass die Zirkusarbeit auch Ihre Koordination trainiert. Mit der Zeit können Sie vielleicht sogar auf Halfter und Seil verzichten.

STIMMSIGNAL

Die Stimme kann das Pferd ermuntern, bestätigen, loben, beruhigen oder ermahnen. Pferde achten auf unseren Tonfall. Ich verwende für jede Übung ein verbales Kommando, um die Lektionen unterscheidbar zu machen. Bei fortgeschrittenen Pferden genügt häufig dieses Stimmkommando und das Pferd weiß, was gewünscht ist.

KÖRPERSPRACHE

Pferde kommunizieren nicht über Wörter, sondern über Körpersprache. Und so wie wir lernen können, die Signale des Pferdes zu verstehen, so erkennt auch das Pferd unsere Körpersprache. Deswegen ist es wichtig, dass wir klare und eindeutige Signale übermitteln und uns bewusst machen, wie wir unseren Körper einsetzen. Meist bemerken wir gar nicht, was unsere Hände tun und worauf unser Fokus gerichtet ist. Schultern und Hüfte können zum Beispiel einen Weg freigeben oder ihn blockieren.

Ein wichtiger Aspekt ist die Energie, die Sie mit Ihrem Körper ausstrahlen. Eine aufrechte Haltung übermittelt dem Pferd eine andere Botschaft als ein gesenkter Kopf und ein runder Rücken. Ein energisches Schreiten wirkt anders als ein langsames Dahinschlendern. Arbeiten Sie bewusst mit Spannung und Entspannung und beobachten Sie, wie Ihr Pferd reagiert.

HANDZEICHEN

Meine Pferde reagieren sehr gut auf deutliche Handzeichen. Üben Sie das auch mit Ihrem Pferd! Ich unterscheide drei besonders wichtige Zeichen.
Eine erhobene Hand bedeutet „Stopp“, das Pferd soll auf dieses Signal hin sofort stehen bleiben. Bewege ich den erhobenen Zeigefinger rhythmisch von links nach rechts, möchte ich, dass mein Pferd nach hinten weicht. Mit einem weichen, einladenden Winken der erhobenen und zu mir gedrehten Hand lade ich das Pferd ein, näher heranzukommen.

Material und Zubehör

Welches Material brauchen Sie für die Übungen in diesem Buch? Das kommt darauf an, was Sie mit Ihrem Pferd üben wollen! Man kann sich mit sehr einfachen Mitteln behelfen, die man im Stall oder zu Hause hat, oder Material im Bau- oder Supermarkt kaufen. Ungemein nützlich sind Stangen, Pylonen, Tonnen und Bälle. Wenn Sie Spaß an Vorführungen haben, können Sie Ihre Show mit Farben, Stoffen, Kostümen und anderem Zubehör aufpeppen.

BASISEQUIPMENT

Ein gutes Halfter und ein Führstrick gehören zur Basisausrüstung. Ich arbeite sehr gern mit einem Knotenhalfter. Es muss aber gut sitzen! Ideal ist ein drei oder vier Meter langes Seil, am besten mit einem Karabiner. Ein Panikhaken ist bei diesen Übungen weniger geeignet, da er sich ungewollt öffnen könnte.

Gerte oder Stick helfen, wenn Sie aus der Entfernung Ihrem Pferd ein Signal geben wollen.

▼

▲

SICHERHEIT

Egal ob Sie mit Ihrem Pferd am Boden oder vom Sattel aus arbeiten: Denken Sie immer an Ihre Sicherheit und an die Sicherheit Ihres Pferdes! Üben Sie auf einem eingezäunten Platz. Ziehen Sie auf jeden Fall Handschuhe an, ein durch die Hand rutschendes Seil kann Verletzungen verursachen. Stabile Schuhe sind ebenfalls sinnvoll. Tragen Sie einen Helm, wenn Sie aufs Pferd steigen. Bei der Podestarbeit empfehle ich Gamaschen zum Schutz der Pferdebeine.

ZIRKUSREIF

Bunt macht immer gute Laune! Besorgen Sie sich Luftballons in verschiedenen Farben und Poolnudeln aus Schaumstoff (die gibt es meist günstig in Supermärkten). Praktisch sind stabile Ständer. Eine nicht zu leichte Plane lässt sich hin und wieder sinnvoll einsetzen.
Vielleicht möchten Sie auch ein Podest für die Zirkusarbeit? Das können Sie kaufen oder (falls Sie handwerklich begabt sind) aus Europaletten selbst bauen.

Stangen und Tonnen lassen sich mit einem neuen Anstrich schnell und kostengünstig auffrischen. Sie müssen allerdings damit rechnen, dass Ihre Pferde die ungewohnt bunten Gegenstände zunächst kritisch betrachten. Pylonen sind ein fast unentbehrliches Zubehör mit vielfältigen Einsatzmöglichkeiten. Sie sind für wenig Geld in Baumärkten und Reitsportgeschäften zu bekommen. Auch mit Bällen in unterschiedlichen Größen lässt sich so einiges machen. Seien Sie kreativ!

LECKERLI

Vergessen Sie nie, Ihr Pferd zu loben. Es wird motiviert mitarbeiten, wenn Sie es ein wenig verwöhnen. Ich verwende meistens eher kleine Leckerchen, die das Pferd schnell gekaut hat, damit wir zügig weiterüben können. Beim Kompliment hat sich eine Möhre bewährt, da sie sich bei dieser Übung besser handhaben lässt als ein kleines Leckerli. Denken Sie daran, dass manche Leckerbissen sehr energiereich sind!

Aufwärmprogramm

Erfolgreiche Artisten wärmen sich auf! Ehe Sie sich also mit Ihrem Pferd an zirzensische Übungen wagen, sollten Sie ihm ein kleines Aufwärmprogramm gönnen. Und auch hier können Sie schon kreativ sein: Machen Sie mit dem Pferd einen kleinen Spaziergang, lassen Sie es einige Runden auf dem Reitplatz frei laufen oder longieren Sie kurz auf jeder Seite, damit die Muskulatur warm und locker wird. Dann beginnen Sie vorsichtig mit dem Dehnen und Biegen.

KOPF WENDEN

Stellen Sie sich seitlich an den Hals Ihres Pferdes, eine Hand liegt am Genick, die andere über der Nase. Versuchen Sie mit möglichst wenig Druck, den Pferdekopf zu Ihnen zu drehen. Kurz halten, langsam loslassen und loben. Nach einer kurzen Pause üben Sie das Kopfwenden von der anderen Seite. Wiederholen Sie die Übung auf jeder Seite drei- bis viermal.

Bei manchen Pferden geht diese Übung leicht, andere sträuben sich dagegen. Meist gelingt es auf einer Seite besser. Auf dieser „Schokoladenseite" wird sich Ihr Pferd vermutlich auch beim Reiten besser stellen und biegen lassen.

Üben Sie vorsichtig und in kleinen Schritten. Erzwingen Sie bitte nichts, achten Sie auf die Zeichen Ihres Pferdes. Trainieren Sie beide Seiten, aber beginnen und enden Sie auf der Seite, die ihm leichterfällt. Sie werden bald bemerken, wie Ihr Pferd beweglicher wird. Dann können Sie Ihre Position auch weiter nach hinten verlagern.

Wussten Sie?

Bleiben Sie freundlich und gelassen, auch wenn die Übungen nicht auf Anhieb gelingen. Ihr Pferd muss erst lernen, was Sie von ihm wollen. Wenn Sie das Biegen und Dehnen regelmäßig durchführen, wird Ihr Pferd den Kopf immer weiter nach hinten nehmen. Bei dieser Übung merken Sie auch sehr schnell, ob Ihr Pferd Verspannungen hat. Dann wird es sich nur ungern biegen lassen.

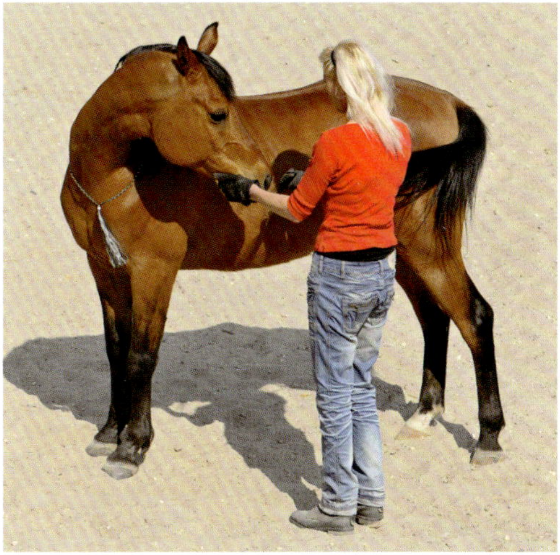

▲

VON KOPF BIS SCHWEIF

Stellen Sie sich auf Gurthöhe neben das Pferd. Eine Hand liegt auf dem Widerrist, die andere nimmt wieder vorsichtig die Nase des Pferdes herüber. Bei willigen Pferden können Sie sogar noch weiter Richtung Kruppe gehen. Locken Sie Ihr Pferd mit einer Möhre oder einem Apfel.

Ist das Pferd leicht beweglich, stehen Sie auf Bauchhöhe neben dem Pferd und bewegen langsam die Pferdenase zu sich. Mit der anderen Hand fassen Sie das Schweifende. Führen Sie Pferdenase und Schweif vorsichtig vor Ihrem eigenen Bauch zusammen. Halten Sie diese Position kurz. Dann lassen Sie langsam los.

Diese Übung bewirkt, dass sich Ihr Pferd über den Rücken bis zum Schweifansatz hin biegt. Halten Sie zum Pferdebauch circa einen halben bis einen Meter Abstand. Je weiter Sie vom Pferd weg stehen, desto mehr muss es sich biegen.

Dehnen und Lockern

Kennen Sie das? Viele Reiter nehmen nach dem Satteln das Vorderbein des Pferdes hoch und halten es einen Moment. So sollen eventuelle Hautfalten unter dem Sattelgurt beseitigt werden. Genau nach diesem Prinzip lockert man die Vorhand und die Schulter des Pferdes. Auch die Hinterhand wird vor dem eigentlichen Übungsprogramm ein wenig gedehnt, um Verletzungen zu vermeiden.

DIE VORHAND DEHNEN

Sie stehen vor dem Pferd, nehmen das rechte Vorderbein locker in die Hand, heben es etwas hoch und strecken es nach vorn. Halten Sie es einen Moment und setzen Sie es dann vorsichtig ab. Loben Sie Ihr Pferd, besonders wenn es still gestanden hat. Dann nehmen Sie das linke Vorderbein und gehen nach dem gleichen Prinzip vor: anheben, leicht nach vorn ziehen, halten und absetzen. Üben Sie auf jeder Seite drei- bis viermal. Achten Sie darauf, dass Ihr Pferd den Kopf nicht hochnimmt oder den Rücken wegdrückt. Shir Khan kennt diese Übung und bleibt dabei ganz entspannt.

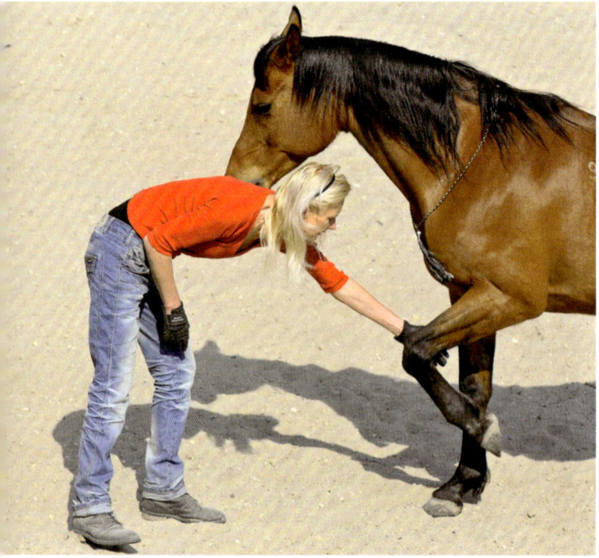

DEHNEN MIT DEM SEIL

Sie können die Vorhand auch mithilfe eines dicken, weichen Seils dehnen.

Üben Sie auf einem umzäunten Platz mit weichem Boden. Probieren Sie zunächst, ob Ihr Pferd ein Seil am Bein zulässt. Klappt dies ohne Probleme, legen Sie das Seil vorsichtig um das vordere Fesselgelenk. Dann heben Sie das Seil leicht an, bis das Bein etwas nach vorne-oben gestreckt ist. Halten Sie es kurz in dieser Position und setzen Sie es dann langsam wieder ab.

Es reicht völlig aus, wenn Sie den Huf circa 50 Zentimeter nach oben nehmen. Wichtig ist, dass das Pferd nicht verkrampft dagegenzieht oder aus der Balance gerät, sondern locker bleibt.Erschrickt es, lassen Sie das Seil sofort los.

Dies ist eine gute Vorübung, um später den Spanischen Schritt einzustudieren.

DIE HINTERHAND DEHNEN

Auch die Hinterhand können Sie mit dem Seil dehnen. Testen Sie hier bitte besonders vorsichtig, wie Ihr Pferd darauf reagiert. Viele Pferde erschrecken, treten oder springen zur Seite weg.

Gleiten Sie langsam mit der Hand über Kruppe und Hinterbein hinunter zum Huf (wie beim Hufeauskratzen). Legen Sie das Seil vorsichtig um das Fesselgelenk und bewegen Sie es ein wenig hin und her. Erst wenn Ihr Pferd dies problemlos zulässt, heben Sie das Bein langsam an.

Bitte beachten Sie: Die Hinterhand darf nicht so hoch genommen werden wie die Vorhand.

Im Stangenparcours

Slalom um Stangen lässt sich wunderbar in das Aufwärmprogramm einbauen. Sie können Ihr Pferd natürlich einfach um die Stangen führen, um es zu dehnen und zu biegen. So richtig interessant wird die Übung aber erst mit ein paar kleinen Überraschungen: Binden Sie doch einmal Luftballons an die Stangen! Wenn Sie keine stabilen Stangen haben, können Sie auch um Pylonen, Eimer oder Ähnliches Slalom gehen.

GEMEINSAM

Gehen Sie mit Ihrem Pferd um die Stangen herum und testen Sie, ob es sich vor den Luftballons erschreckt. Es kann durchaus sein, dass es zur Seite springt, wenn sich die Luftballons bewegen. Seien Sie darauf gefasst und tragen Sie Handschuhe und stabile Schuhe, wie immer bei der Bodenarbeit! Kann es sich gar nicht konzentrieren, üben Sie ohne Luftballons.

▼

▲

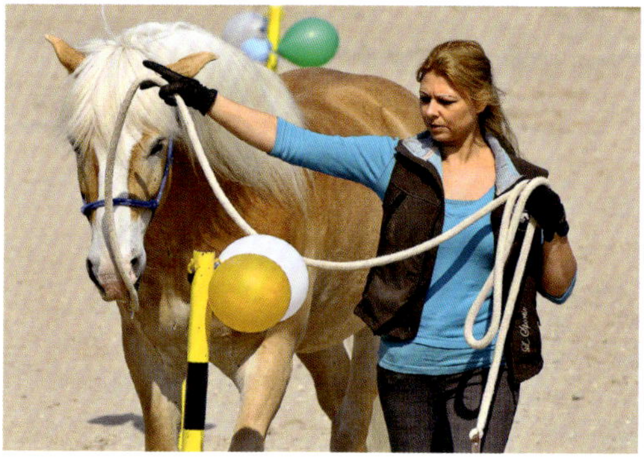

SCHICKEN

Wenn Sie mehrmals mit Ihrem Pferd im Slalom durch die Stangen gegangen sind und sicher sind, dass Ihr Pferd keine Angst hat, erhöhen Sie die Schwierigkeit. Nun gehen Sie nicht mehr gemeinsam, sondern Sie lassen nur Ihr Pferd um die Stangen gehen. Sie bleiben auf einer Seite und schicken es lediglich auf den richtigen Weg. Halten Sie das Seilende in der linken Hand. Heben Sie die rechte Hand und zeigen Sie mit dem Seil in die Richtung, in die das Pferd gehen soll. Zur Verdeutlichung drehen Sie Ihre Schulter zum Pferd.

AUF ABSTAND

Gehen Sie links an der Stange vorbei, Ihr Pferd dagegen rechts. Lassen Sie den Arm so lange ausgestreckt, wie das Pferd den Abstand zu Ihnen wahren soll. Achten Sie auf eine korrekte Körperposition, um Ihr Pferd auf Abstand zu halten. Dulden Sie nicht, dass es zu Ihnen herdrängelt. Hier ist gut zu sehen, wie aufmerksam Duke auf die Signale achtet.

SCHLANGENLINIE

Holen Sie das Pferd mit einer einladenden Bewegung wieder auf Ihre Seite. Treten Sie ein wenig nach links, damit es Platz hat, Ihnen zu folgen, und geben Sie mit Ihrem Körper den Weg frei. Wenn Sie sehr gut mit Ihrem Pferd arbeiten, wird diese Übung im Lauf der Zeit auch ohne Halfter und Strick funktionieren. Sie zeigen nur noch, wohin Ihr Pferd gehen soll.

SLALOM MIT REITER

Nutzen Sie diese Übung auch beim Reiten. Zuerst reiten Sie in etwas weiteren Bögen um die Stangen. Achten Sie darauf, dass Ihr Pferd korrekt gestellt und um den inneren Schenkel gebogen ist. Blicken Sie in Richtung der Wendung.

Allmählich können Sie, abhängig von den Fähigkeiten Ihres Pferdes, die Bögen immer enger reiten. Reagiert Ihr Pferd gut auf Bein- und Gewichtshilfen, probieren Sie die Übung mit durchhängendem Zügel aus. Haben Sie mehr Routine, können Sie die Stangen auch im Trab umrunden.

Schwungvoller Auftritt

Kleine Sprünge lockern Pferd und Reiter. Haben Sie das Führtraining bereits gut geübt und folgt Ihnen Ihr Pferd problemlos auch ohne Halfter und Strick, dann versuchen Sie doch einmal das freie Springen (bitte auf einem eingezäunten Platz). Manche Pferde haben dazu keine Lust, andere machen geradezu begeistert mit.

HIER ENTLANG

Beginnen Sie das Training auf dem Platz, im Schritt und im Trab. Bauen Sie einen kleinen Sprung auf, am besten neben der Bande oder Umzäunung des Platzes. Üben Sie zunächst mit Halfter und einem langen Seil. Folgt Ihr Pferd Ihnen konzentriert, steuern Sie geradewegs auf das Hindernis zu: Sie gehen daran vorbei, Ihr Pferd soll über das Hindernis springen.

Shir Khan ist geübt und folgt mir ohne Halfter. Er achtet aufmerksam auf meine Signale und hat ein Ohr zu mir gedreht.

FREISPRUNG

Bleibt Ihr Pferd zunächst verunsichert vor dem Hindernis stehen? Ermuntern Sie es mit Ihrer Stimme oder berühren Sie es leicht mit dem Seil an Flanke oder Hinterhand. Probieren Sie es noch einmal, achten Sie darauf, mit genügend Schwung auf das Hindernis zuzusteuern.

Vielleicht hilft es in dieser Phase auch, wenn Sie zunächst neben Ihrem Pferd über das Hindernis springen? Dann trainieren Sie auch gleich Ihre Fitness ...

MIT POWER

Sind Sie mit Halfter und Seil einige Male über das Hindernis gesprungen und hat Ihr Pferd schon verstanden, dass es neben Ihnen springen soll, dann testen Sie, ob es auch ohne Halfter und Strick funktioniert. Möglicherweise läuft Ihr Pferd dann um das Hindernis herum oder bleibt stehen. In diesem Fall nehmen Sie den Strick in eine Hand, um Ihr Pferd kurz vor dem Hindernis anzutreiben. Geben Sie Ihr Stimmkommando, es soll auffordernd und anspornend klingen.

Anstatt über Hindernisstangen können Sie zur Abwechslung auch über eine umgelegte Tonne oder Strohballen springen.

LOBEN NICHT VERGESSEN

Vergessen Sie das Loben nicht, auch wenn Sie vielleicht ein wenig aus der Puste geraten sind. Es gibt Ihrem Pferd die Rückmeldung, dass es alles gut gemacht hat. So behält es seinen Spaß an dieser Übung und macht gerne mit. Das Üben ohne Halfter und Seil schweißt Sie enger zusammen.

Die Nerven stählen

Körperlich ist Ihr Pferd nun gelöst und fit für die Zirkusarbeit. Wichtig ist aber auch ein stabiles Nervenkostüm. Bauen Sie ein wenig Schrecktraining in Ihr Aufwärmprogramm ein. War Ihr Pferd bei den Luftballons eher gelassen? Dann ist vielleicht die Arbeit mit der Plane eine echte Herausforderung. Viele Pferde haben anfangs Probleme, über einen farbigen Boden zu gehen, der auch noch Geräusche macht.

RUHIG BEGINNEN

Breiten Sie eine Plane am Boden aus und beschweren Sie sie z. B. mit Steinen oder Sand, damit sie nicht flattert. Sie ist auch so schon furchterregend genug, denn Pferde gehen nicht gern über ungewohnten Untergrund.

An einem langen Seil führen Sie Ihr Pferd zunächst in einem großen Kreis um die Plane. Ignorieren Sie es, wenn das Pferd neben Ihnen vor Aufregung prustet und schnaubt. Bleibt es stehen, dann fordern Sie es ruhig auf, mit Ihnen zu kommen. Tun Sie so, als wäre die Plane das Selbstverständlichste der Welt.

Wechseln Sie nach einiger Zeit die Richtung, damit Ihr Pferd die Plane von beiden Seiten aus begutachten kann. Pferde nehmen die Dinge mit dem rechten Auge anders wahr als mit dem linken!

Wird Ihr Pferd ruhiger, verkleinern Sie allmählich den Kreis und gehen immer dichter an die Plane heran. Zum Schluss der ersten Übungsphase gehen Sie selbst über den Rand der Plane und Ihr Pferd geht daneben. Loben Sie.

Wussten Sie?

Rechnen Sie immer damit, dass Ihr Pferd plötzlich einen Satz zur Seite macht oder nach hinten wegstürmt. Das kann auch passieren, wenn Sie denken, es hat keine Angst mehr. Üben Sie unbedingt auf einem eingezäunten Gelände.

ERSTER KONTAKT

Ist Ihr Pferd mutiger, gehen Sie ein wenig näher und lassen es an der Plane riechen. Vielleicht legen Sie ein paar Möhrenstücke oder Leckerli auf den Rand der Plane. Das reicht oft schon, damit Ihr Pferd die Plane berührt. Manche Pferde prusten die Plane an oder versuchen, sie mit den Zähnen zu packen. Halten Sie ein wenig Abstand, damit Ihr Pferd alles gut anschauen kann.

MUTIG VORAN

Das nächste Ziel ist, dass Ihr Pferd freiwillig einen Huf auf die Plane setzt. Wenn der kleine Trick mit den Möhren funktioniert hat, legen Sie die nächsten Möhrenstücke etwas weiter auf die Plane. So bekommen Sie Ihr Pferd dazu, die Plane zu betreten. Achtung: Schon beim ersten Schritt könnte sich Ihr Pferd über das Geräusch der Plane erschrecken und davonstürmen! Behalten Sie es im Auge – notfalls lassen Sie es los. Halten Sie es bitte nie mit Gewalt fest.

GESCHAFFT

Haben Sie es geschafft, dass Ihr Pferd vielleicht sogar mit allen vier Hufen auf der Plane steht, loben Sie es ausgiebig.

Überqueren Sie im Schritt mit Ihrem Pferd zusammen die Plane von allen Seiten. Gehen Sie neben dem Pferd, falls es doch einmal eilig wird. Bleiben Sie selbst ruhig und gelassen. Zeigt Ihr Pferd wieder Angst, gehen Sie eine Stufe zurück und umkreisen die Plane noch einmal mit mehr oder weniger Abstand.

Zirkuslektionen

Nach dem Warm-up brennen Sie sicher darauf, mit der eigentlichen Arbeit zu beginnen. Starten wir also mit den Zirkuslektionen. Manche sprechen auch von zirzensischen Übungen. Mir persönlich liegt der Begriff Freiheitsdressur mehr. Da sich das Wort aber inzwischen in Reiterkreisen etabliert hat, werde ich auch weiterhin von Zirkuslektionen sprechen.

Wussten Sie?

Viele Reiter belächeln es, wenn wir mit unserem Pferd kleine Tricks oder Zirkuslektionen einüben. Doch die scheinbar nutzlose „Spielerei“ verändert unsere Beziehung zum Pferd. Wir überlegen über das Reiten hinaus, was unser Pferd eigentlich ausmacht und wie wir es in seinem Wesen stärken können. Viele Pferde werden offener und selbstbewusster durch die Zirkusarbeit. Sie lernen neue Bewegungsabläufe und verbessern das Körpergefühl. All das werden Sie auch beim Reiten positiv bemerken.

▲

ZU BEGINN

Sie müssen die Zirkuslektionen nicht in einer bestimmten Reihenfolge üben. Vielleicht haben Sie schon eine Idee, was Ihrem Pferd besonderen Spaß macht, was ihm leichtfällt und sich daher als Einstieg eignet. Manche Lektionen erfordern aber etwas Vorarbeit, dann bietet es sich an, einen Schritt nach dem anderen zu erarbeiten. Zum Beispiel entwickle ich das „Sitzen“ immer aus dem „Liegen“. Das entspricht von der Logik her dem Bewegungsablauf des Pferdes und es versteht leichter, was wir möchten.

Ich versuche bei allen Lektionen, Ihnen möglichst genaue Anleitungen zu geben. Doch jedes Pferd reagiert anders. Das eine braucht sehr deutliche Signale, dem anderen genügt ein kleines Zeichen. Das Erlernen von Zirkuslektionen hilft Ihnen zu erkennen, ob Ihr Pferd eher sensibel ist oder ein wenig mehr Hilfestellung braucht.

ÜBEREIFER

Manche Pferde zeigen voller Eifer gelernte Lektionen, ohne dass sie dazu aufgefordert wurden. Ist die Lektion neu und Sie freuen sich, dass Ihr Pferd diese anbietet, können Sie loben und direkt zum Üben weitergehen. Eigentlich sollte Ihr Pferd aber nur zeigen, was Sie abfragen. Wird es also übereifrig, dann ignorieren Sie sein Verhalten.

▼

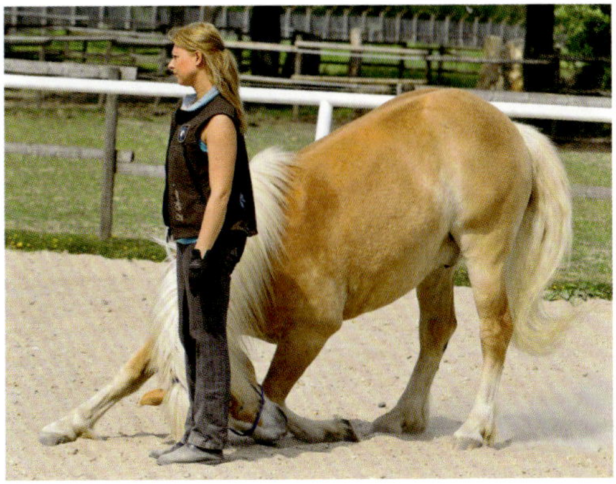

Plié

Das Plié eignet sich gut als Lektion nach dem Aufwärmen, da es die Vorhand und den Schulter- und Rückenbereich dehnt. Das Pferd nimmt dabei seinen Kopf tief nach unten zwischen die gestreckten Vorderbeine und verlagert sein Gewicht ein wenig nach hinten. Der Hals sollte dabei lang und entspannt bleiben. Das ist durchaus anstrengend für das Pferd!

AUSGANGSPOSITION

In der Ausgangsposition steht das Pferd so, dass beide Vorderbeine nicht zu eng nebeneinanderplatziert sind. Es soll ja noch der Kopf dazwischenpassen! Die Hinterbeine stehen etwas weiter auseinander, um das Gleichgewicht zu halten, meist korrigieren die Pferde sich dort selbst. Nehmen Sie ein Leckerli und führen Sie dieses langsam vor den Vorderbeinen zum Boden. Ihr Pferd wird versuchen, dieser Bewegung zu folgen. Ist der Pferdekopf unten, dürfen Sie das Leckerli am Boden verfüttern.

▼

STÜCK FÜR STÜCK

Im zweiten Schritt führen Sie das Leckerli wieder gerade vor den Vorderbeinen hinunter und wechseln dann schnell die Hand, sodass Sie es hinter den Vorderbeinen halten. Geben Sie Ihr Kommando („Plié") und tippen Sie das Pferd unter dem Bauch in Gurthöhe leicht an. Dann bewegen Sie die Hand etwas nach hinten, lassen Sie sie dabei tief am Boden. Geht der Pferdekopf mit?

Achten Sie darauf, dass Ihr Pferd die Vorderbeine gestreckt lässt und das Gewicht nach hinten verlagert. Klappt das noch nicht, beginnen Sie neu. Übrigens funktioniert diese Übung mit einer Karotte oft besser als mit einem Leckerli, da das Pferd sie besser erkennen kann.

TIEFE VERBEUGUNG

Vielen Pferden ist es zu unbequem, die Vorderbeine gestreckt zu halten. Sie versuchen, die Dehnung zu umgehen und knicken im Gelenk ab. Um dies zu vermeiden, hören Sie kurz vorher auf. Loben Sie, lösen Sie die Haltung auf und beginnen Sie dann von vorn. Versuchen Sie, die Hand jedes Mal ein Stückchen weiter nach hinten zu nehmen, ohne dass Ihr Pferd im Fesselgelenk abknickt.

Ist die Übung richtig ausgeführt, hat Ihr Pferd die Vorderbeine gestreckt und den Kopf zwischen den Beinen mit der Stirn auf oder fast auf dem Boden liegend. Diese Position soll das Pferd kurz halten (das ist anstrengend!), dann fordern Sie es zum Aufstehen auf.

Spanischer Schritt

Der Spanische Schritt sieht beeindruckend aus und kann von fast jedem Pferd zumindest an der Hand erlernt werden. Begabte Pferde schaffen es später auch unter dem Reiter, diese Lektion zu zeigen. Das Pferd hebt die Vorderbeine wechselseitig beinahe bis zur Waagrechten an und geht dabei vorwärts. Voraussetzung für diese Übung ist, dass Ihr Pferd die Berührung mit Seil, Stick oder Gerte kennt.

▲

BEIN HEBEN

Sie stehen vor dem Pferd und legen ein langes, weiches Seil vorsichtig um das Fesselgelenk des Vorderbeins. Heben Sie das Bein leicht an und halten Sie es kurz in dieser Position, dann setzen Sie es langsam wieder ab. Loben! Nun nehmen Sie in eine Hand das Seil, in die andere eine Gerte. Touchieren Sie die Schulter Ihres Pferdes, geben Sie ein Kommando (z. B. „Paso") und wiederholen Sie die Lektion auf beiden Seiten. Etwas leichter geht es, wenn Sie einen Helfer haben, der das Seil übernimmt.

Es dauert nicht lange und Sie können auf das Seil verzichten. Sie stehen dann neben dem Pferd, es wird allein auf Gerte und Kommando das Bein heben. Jeder gute Versuch wird belohnt! Erst im Lauf der Zeit wird Ihr Pferd das Bein weit hochheben und strecken.

POLKA

Den meisten Pferden fällt es schwer, den Spanischen Schritt im Gehen auszuführen. Meist bewegen sich nur die Vorderbeine, die Hinterhand bleibt quasi stehen, das Pferd wird immer länger und gerät aus der Balance.

Um Bewegung in den Spanischen Schritt zu bekommen, bedient man sich eines Tricks: der Polka. Sie stehen mit Ihrem Pferd auf dem Hufschlag (dadurch haben die Pferde etwas Anlehnung an der Bande) und tippen erst die innere Schulter an – „Paso" –, dann lassen Sie Ihr Pferd zwei normale Schritte gehen und tippen nun die äußere Schulter an – „Paso", wieder zwei Schritte gehen usw. In diesem Dreierrhythmus treten auch die Hinterbeine schön gleichmäßig mit, der Bewegungsablauf ist flüssig. Die Kopf-Hals-Haltung soll möglichst entspannt sein.

WECHSELSCHRITTE

Lassen Sie nach und nach immer öfter einen Schritt „ausfallen", bis Ihr Pferd tatsächlich wechselseitig das Bein hochhebt und den Spanischen Schritt zeigt. Achten Sie darauf, dass Sie selbst aufrecht gehen und Ihre Position an der Pferdeschulter halten.

Bitte überfordern Sie Ihr Pferd nicht. Gehen Sie zwischendurch immer ein oder zwei Runden ganz normal im Schritt. Beenden Sie die Übung, ehe das Pferd müde ist und die Schritte weniger ausdrucksvoll werden. Achten Sie darauf, ob Ihr Pferd den Rücken aufwölbt.

Spanischer Schritt mit Reiter

Ein Pferd im Spanischen Schritt unter dem Sattel ist ein sehr schöner Anblick. Am einfachsten gelingt der Übergang für Pferd und Reiter, wenn Sie mit einem Helfer üben, der die vertrauten Signale vom Boden aus gibt. Beginnen Sie auch hier mit der Polka, das fällt dem Pferd leichter. Beherrscht Ihr Pferd den Spanischen Schritt am Boden bereits gut, wird es ihn mit Reiter vermutlich schnell lernen.

RICHTIG SITZEN

Üben Sie als Reiter den Spanischen Schritt mit Ihrem Pferd zunächst im Stand. Touchieren Sie vom Sattel aus die innere Schulter und geben Sie Ihr Kommando. Der Helfer gibt zeitgleich vom Boden aus das gewohnte Zeichen mit der Hand. Verlagern Sie Ihr Gewicht auf die jeweils andere Seite. Hebt das Pferd also das linke Bein, verlagert der Reiter das Gewicht nach rechts und umgekehrt. Achtung, knicken Sie nicht in der Hüfte ein.

▼

HILFENGEBUNG

Soll das Pferd das linke Bein anheben, gibt der Reiter folgende Hilfen: Der linke Schenkel löst sich etwas vom Pferdebauch. Sie verlagern das Gewicht auf die rechte Seite. Die linke Zügelhand wird leicht angehoben. Achten Sie darauf, dass das Pferd im Hals gerade bleibt, und denken Sie an das Nachgeben des Zügels. Verwirft sich das Pferd, erkennen Sie das daran, dass die Ohren nicht mehr auf derselben Höhe sind. Beginnen Sie dann am besten von vorne. Für das rechte Bein gilt die Hilfengebung entsprechend seitenverkehrt.

Üben Sie zunächst nur das Anheben des Beins im Stand, nicht gleich die ganze Bewegungsabfolge. Wechseln Sie aber bereits regelmäßig die Seite.

FLIESSEND VORWÄRTS

Klappt im Stehen alles gut, versuchen Sie die Polka in der Vorwärtsbewegung. Achten Sie darauf, dass Sie Ihre Hilfen weich und nicht ruckartig geben. Die Gerte unterstützt die Hilfengebung an der Schulter. Bleiben Sie aufrecht im Sattel sitzen und widerstehen Sie der Versuchung, nachzuschauen, wie hoch Ihr Pferd das Bein hebt. Auch vom Sattel aus können Sie Ihre Stimmhilfe rhythmisch einsetzen.

Unterschätzen Sie bei aller Freude an dieser Übung nicht, welchen Kraftaufwand sie für Ihr Pferd bedeutet. Hören Sie auf, ehe das Pferd müde, unwillig und lustlos wird. Eine lange Seite der Reitbahn genügt völlig. Mit zunehmendem Training wird das Pferd auch mehr Tritte zeigen können.

Das Kompliment

Das Kompliment ist eine beliebte Zirkuslektion. Manchen Pferden fällt es aber schwer, sich darauf einzulassen, sie fühlen sich sicherer, wenn sie auf allen vier Beinen stehen. Erzwingen Sie bitte nichts. Das Pferd muss sich in der Übung auf drei Beinen ausbalancieren, das erfordert Vertrauen. Haben Sie noch nicht so viel Erfahrung in der Zirkusarbeit, lassen Sie sich am besten von einem guten Trainer zeigen, auf was Sie achten müssen.

BEIN OBEN HALTEN

Üben Sie das Kompliment immer besonders vorsichtig. Es hat viele positive Effekte, birgt aber auch ein gewisses Verletzungsrisiko. Daher ist es wichtig, dass Sie Ihr Pferd vorher aufwärmen. Achten Sie auch darauf, dass der Boden weich und für das Pferd angenehm ist. Hat Ihr Pferd Rückenprobleme? Dann ist das Kompliment vielleicht nicht die richtige Übung.

Stellen Sie sich mit Blickrichtung zum Pferdekopf auf Gurthöhe. Diese Position unterscheidet die Lektion „Kompliment" klar vom alltäglichen „Hufeauskratzen". Auch das deutliche Stimmkommando hilft Ihrem Pferd bei der Differenzierung.

Üben Sie mit Ihrem Pferd, das Bein anzuheben und es für einige Sekunden oben zu halten. Setzen Sie das Bein wieder ab und loben Sie. Manche Pferde heben das Bein schon auf ein Signal mit der Gerte hin an, bei anderen müssen Sie das Bein in die Hand nehmen.

Arbeiten Sie nicht mit zu viel Kraft. Probieren Sie es erneut. Bleibt Ihr Pferd ruhig, bauen Sie die Übung weiter aus.

▲

BALANCE

Heben Sie das Bein Ihres Pferdes wieder an und bleiben Sie kurz so stehen, damit es sich ausbalancieren kann. Nun gehen Sie einen Schritt rückwärts und bewegen das Bein leicht nach hinten, um das Pferd in eine Rückwärtsbewegung zu bringen. Setzen Sie das Bein langsam ab und geben Sie ein Kommando zum Aufstehen.

Versteht Ihr Pferd nicht, was Sie von ihm wollen, hilft es meistens, ihm den Weg in die Tiefe mit einer Karotte oder einem Leckerli zu zeigen. Aber achten Sie darauf, dass es sich dann nicht nur darauf konzentriert, schnell das Leckerli zu schnappen. Es sollte sich langsam und kontrolliert nach unten bewegen, auch damit es sich und Sie nicht verletzt.

Wussten Sie?

Das Kompliment können Sie häufig bei spielenden Pferden beobachten. Es beruht auf dem natürlichen Pferdeverhalten und wird vom Menschen nur abrufbar gemacht.

WIEGEN

Belohnen Sie am Anfang schon das leichte Nach-hinten-Wiegen Ihres Pferdes, auch wenn es noch nicht zum Ablegen des Beins kommt! Probieren Sie es immer wieder in aller Ruhe, bis Ihr Pferd sich schließlich zutraut, das Bein abzulegen. Sie können auch mit der Hand leicht gegen seine Brust drücken und es so nach hinten schieben. Mit der Zeit reicht es, wenn Sie Ihrem Pferd das Stimmkommando geben und es am Röhrbein touchieren. Hat das Pferd verstanden, was Sie von ihm möchten, achten Sie bitte auch darauf, dass es die Lektion korrekt ausführt. Das vordere Bein sollte gestreckt bleiben. Auch Romeo könnte den Rücken mehr aufwölben.

Nun können Sie noch daran arbeiten, dass Ihr Pferd im Kompliment bleibt. Das wird es ziemlich sicher tun, wenn Sie es am Boden füttern.

▼

Kompliment mit Reiter

Beherrscht Ihr Pferd das Kompliment sicher und korrekt, können Sie daran weiterarbeiten. Die nächste Schwierigkeitsstufe ist das Kompliment unter dem Reiter. Auch bei dieser Übung ist es gut, wenn Sie zu Beginn von einem Helfer unterstützt werden, der dem Pferd vom Boden aus die mittlerweile vertrauten Signale gibt. Üben Sie auf einem Boden, den das Pferd als angenehm empfindet und beobachten Sie genau, ob Ihr Pferd Unwohlsein äußert.

ZU ZWEIT ÜBEN

Ihr Helfer steht neben dem Pferd. Entweder tippen Sie selbst mit der Gerte das Bein für das Kompliment an und geben das Stimmsignal oder Ihr Helfer übernimmt dies, damit Sie sich auf Ihr Pferd und Ihren Sitz konzentrieren können.

Beim ersten Versuch sitzt der Reiter am besten völlig passiv und lehnt sich ein wenig zurück. Die Zügel halten eine leichte Verbindung. Nach und nach wird der Reiter mit eingebunden und der Helfer ist nur noch unterstützend dabei.

Wussten Sie?

Wenn Sie beim Training des Kompliments von Anfang an die Gerte zum Antippen des Beins benutzen, haben Sie es später als Reiter vom Sattel aus einfacher. Ihr Pferd kennt das Kommando und weiß, was es bedeutet.
Am besten ziehen Sie Ihrem Pferd beim Training Gamaschen oder Bandagen an, um die Beine zu schützen.

PERFEKT OHNE HELFER

Wenn Sie sorgsam und in Ruhe geübt haben, ist Ihr Helfer bei dieser Zirkuslektion bald überflüssig. Sie tippen mit der Gerte das Fesselgelenk Ihres Pferdes an (immer mit Stimmkommando, z. B. „Kompliment"). Gehen Sie mit der Zügelhand ein wenig vor und verlagern Sie Ihr Gewicht leicht nach hinten, um Ihrem Pferd nicht auf die Schulter zu fallen. Achten Sie darauf, dass Ihr Pferd im Hals gerade bleibt und den Rücken nicht durchhängen lässt.

Ist Ihr Pferd im Kompliment, lassen Sie einen Moment die Gerte vor dem Bein angelegt und geben dann das Kommando fürs Aufstehen. Rechnen Sie damit, dass Ihr Pferd vielleicht aufspringt.

Perfekt! Loben Sie Ihr Pferd für diese großartige Leistung!

GUT GEMACHT!

Sobald Ihr Pferd im Kompliment ist, halten Sie oder Ihr Helfer die Gerte noch ein paar Sekunden vor dem knienden Bein, als Zeichen dafür, dass das Pferd unten bleiben soll. Ideal ist es, wenn Ihr Helfer das Pferd direkt am Boden lobt. Dann lassen Sie das Pferd mit einem deutlichen Signal wieder aufstehen und loben es erneut. Versuchen Sie, beim Aufstehen in der Balance zu bleiben. Ein schwankender Reiter kann das Pferd verunsichern.

Am Anfang kann es sein, dass das Pferd mit dem Reiter noch nicht lange im Kompliment bleiben kann. Steigern Sie langsam und geben Sie sich auch schon mit wenig zufrieden.

Knien

Das Knien wird meist aus dem Kompliment heraus entwickelt. Auch hier gibt es die unterschiedlichsten Lernmethoden. Ich stelle Ihnen eine Variante vor, mit der ich gute Erfahrungen gemacht habe. Da das Pferd beim Hinlegen mit den Vorderbeinen einknickt, ist ihm die Bewegung, die zum Knien führt, durchaus vertraut und meist auch angenehmer als das Absinken ins Kompliment. Der Kopf sollte übrigens auf keinen Fall wie beim Plié zwischen den Beinen sein, sondern eher gerade oder zur Seite gedreht.

REFLEXARTIG

Geht Ihr Pferd auf Antippen des Beins hin selbständig ins Kompliment? Nutzen Sie dies aus! Tippen Sie in dem Moment, in dem das Pferd das Bein anwinkelt und ablegen will, mit der Gerte das andere Bein (das im Kompliment normalerweise gestreckt bleibt) an.

Erwarten Sie nicht, dass Ihr Pferd auf Anhieb versteht, was Sie so überraschend von ihm wollen. Geht es weiter ins Kompliment, bitten Sie es wieder nach oben und beginnen Sie einfach noch einmal von vorn. Sie müssen den richtigen Zeitpunkt abpassen, um das Bein auf der anderen Seite anzutippen.

Achten Sie darauf, seitlich und nicht vor dem Pferd zu stehen. Benutzen Sie ein deutliches Stimmkommando, wie z. B. „Knie". Mit etwas Glück knickt Ihr Pferd irgendwann tatsächlich mit beiden Beinen im Vorderfußwurzelgelenk ein. Loben Sie es in genau diesem Moment überschwänglich! So wird es verstehen, dass es auf dem richtigen Weg ist.

▲

DIE ÜBUNG FESTIGEN

Bei guter Vorarbeit und sensiblen Pferden funktioniert diese Methode sehr häufig. Anfangs ist es ratsam, sich einen Helfer an die andere Seite zu nehmen, der das Pferd dabei unterstützt, das Bein nach hinten zu führen.

Achtung: Ihr Pferd wird vielleicht aus dem Kompliment aufspringen, weil es noch nicht genau weiß, was Sie von ihm wollen und es in dieser Position verunsichert ist. Bleiben Sie ruhig! Probieren Sie es erneut: Bein antippen, das Pferd geht leicht ins Kompliment, und ehe das andere Bein gestreckt wird, tippen Sie (oder Ihr Helfer) das äußere Bein an.

Wussten Sie?

Wie bei allen Zirkuslektionen können Sie auch hier auf einen kompetenten Trainer zurückgreifen oder bei Kursen zuschauen, um sich wertvolle Tipps und Informationen zu holen. Als Zuschauer kann man die Pferde gut beobachten und auch, wie ein erfahrener Ausbilder bei den verschiedenen Charakteren vorgeht.

SIGNAL VERSTANDEN

Ermutigen Sie das Pferd bitte, sobald es auf dem richtigen Weg ist. Je mehr es ins Knien kommt, desto größer ist das Lob. Kniet es, dann warten Sie einen Moment und lassen es dann mit dem gewohnten Kommando wieder aufstehen.

Auch hier führt die Routine zum Erfolg. Probieren Sie es immer wieder. Bald weiß Ihr Pferd genau: Wird auch das zweite Bein angetippt, ist Knien gefragt!

▼

Liegen

Aus dem Knien heraus erlernen Pferde relativ leicht das Liegen. Dennoch ist diese Lektion anspruchsvoll, denn das Hinlegen auf Aufforderung ist ein großer Vertrauensbeweis für ein Fluchttier. Nur wenige Pferde legen sich bewusst direkt neben ihrem Reiter ab. Der Bewegungsablauf an sich ist nicht kompliziert. Üben Sie, wenn Ihr Pferd entspannt ist, und nicht gerade zur Fütterungszeit. Sorgen Sie für eine ruhige, vertraute Umgebung und seien Sie gedudig, wenn es nicht gleich klappt.

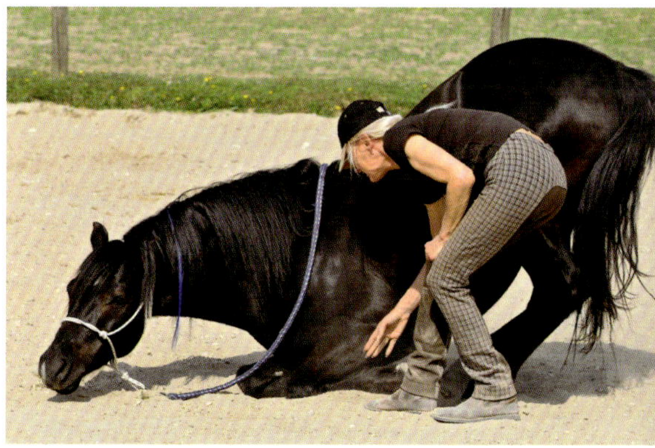

AUSGANGSPUNKT

Lassen Sie Ihr Pferd knien. Verwenden Sie den Strick wie einen Zügel und wenden Sie den Kopf des Pferdes auf die von Ihnen abgewandte Seite. Achten Sie darauf, dass Sie seitlich im Bereich der Schulter stehen. Nehmen Sie dann den äußeren Zügel ein Stückchen zu sich herüber, sodass Ihr Pferd den Kopf seitlich nach hinten nimmt. Wenn Sie Glück haben, gibt Ihr Pferd der Bewegung nach und lässt sich (Achtung: in Ihre Richtung!) fallen.

PLATZ ZUM LIEGEN

Bei einigen Pferden funktioniert das Ablegen auf Anhieb, bei anderen muss man mehr Geduld aufbringen. Lassen Sie sich Zeit. Vorsicht: Achten Sie darauf, dass Sie nicht zu nah am Pferd stehen, damit Ihr Pferd Platz genug hat, sich abzulegen! Loben Sie Ihr Pferd sofort! Vielleicht springt es gleich wieder hoch, auch dann dürfen Sie es loben. Beim Aufspringen wird das Pferd die Vorderbeine strecken, stehen Sie deshalb nie vor Ihrem Pferd!

KURZE ÜBUNGSEINHEITEN

Üben Sie immer wieder in kurzen Einheiten und bauen Sie Ihr Stimmkommando (z. B. „Down“ oder „Legen“) mit ein, am besten auch gleich ein Handzeichen.

Auf den Fotos kann man erkennen, dass Romeo sich nur auf Handzeichen hinlegt. Sie können auch die Gerte als Zeichen mit einbauen, sodass Sie später vom Sattel aus mit der Gerte Ihr Pferd an einer bestimmten Stelle (z. B. am Röhrbein) antippen und es sofort weiß, dass es sich hinlegen soll.

Wussten Sie?

Viele Pferde haben den Drang, sich zu wälzen, wenn sie liegen. Das muss auf jeden Fall unterbunden werden! Die Gefahr für Sie ist zu groß, egal ob Sie am Boden oder vom Sattel aus üben. Sobald Ihr Pferd auch nur den kleinsten Ansatz macht, sich zu wälzen, scheuchen Sie es bitte sofort hoch. Ihr Pferd darf das Ablegen nicht mit Wälzen in Verbindung bringen, sondern muss dies klar voneinander trennen.

Liegen mit Reiter

Sobald Ihr Pferd verstanden hat, dass es sich auf das Handzeichen und Antippen mit der Gerte hin ablegen soll und auch schon etwas länger liegen bleibt, können Sie sich in den Sattel wagen. Wie schon so oft empfehle ich Ihnen einen Helfer. Bekommt Ihr Pferd die vertrauten Signale vom Boden aus, wird es schneller verstehen, was es tun soll. Achten Sie darauf, dass es nicht aufgeregt oder gar hektisch wird.

▲

FÜSSE RAUS

Nehmen Sie für diese Lektion Ihre Füße aus den Steigbügeln, damit Sie sofort absteigen können, wenn Ihr Pferd liegt. Achten Sie darauf, dass Sie gute Schuhe tragen, mit denen Sie nicht in den Bügeln hängen bleiben können. Die Zügel liegen locker über dem Pferdehals. Tippen Sie oder Ihr Helfer nun mit der Gerte (wie am Boden geübt) das Röhrbein Ihres Pferdes an und benutzen Sie das vertraute Stimmkommando.

ABWÄRTS

Versteht Ihr Pferd die Signale, wird es vorn leicht einknicken. Bewegen Sie den Oberkörper ein wenig nach hinten und geben Sie die Zügel frei. Nun wird Ihr Pferd über das Knien zum Liegen kommen. Bleiben Sie locker und entspannt, auch wenn sich das sehr befremdlich anfühlt. Sobald Ihr Pferd liegt, loben Sie es und steigen zügig ab, da es möglicherweise sofort wieder aufspringt. Wartet es brav ab, dann geben Sie ruhig das Kommando zum Aufstehen.

▼

AUFSTEHEN

Verlängern Sie allmählich die Zeitspanne, in der Ihr Pferd liegen soll. Klappt das gut, dann können Sie den nächsten Schritt wagen: Sie bleiben im Sattel, geben das Kommando zum Aufstehen – und Ihr Pferd steht mit Ihnen wieder auf. Aber probieren Sie bitte nicht alles auf einmal! Nur wenn das Liegen mit Reiter gut funktioniert, können Sie die Anforderung steigern.

Springt Ihr Pferd aus dem Liegen auf, halten Sie sich an der Mähne fest und bleiben Sie locker im Sattel sitzen. Loben Sie Ihr Pferd, ehe Sie absteigen.

Wussten Sie?

Ihr Pferd muss unterscheiden zwischen Kompliment und Ablegen. Deshalb sollte das Liegen nie von der Seite geübt werden, von der Sie das Kompliment eingeübt haben. Geben Sie das Signal für das Kompliment von rechts, dann erfolgt das Antippen mit der Gerte zum Ablegen von links. So kommt Ihr Pferd auch unter dem Sattel mit den Kommandos nicht durcheinander. Beobachten Sie, auf welche Seite sich das Pferd von alleine legt. Dann üben Sie das Kompliment von der anderen Seite.

▼

Flach liegen

Ist Ihr Pferd schon sehr routiniert im Liegen? Bleibt es auch längere Zeit mit Ihnen am Boden, ohne unruhig zu werden? Dann ist es Zeit für neue Herausforderungen. „Schlafen gehen“ ist ein beliebter Zirkustrick und kann (unterschiedlich variiert) der gelungene Schlusspunkt eines Auftritts sein. Oder auch der lustige Auftakt, wenn Sie Ihr Pferd für die Vorstellung erst „wecken“ müssen.

AUSPROBIEREN

Setzen Sie sich neben Ihr liegendes Pferd und versuchen Sie, den Kopf Ihres Pferdes langsam und vorsichtig zu sich zu nehmen und auf dem Boden abzulegen. Das ist neu und ungewohnt. Rechnen Sie damit, dass Ihr Pferd aufspringt. Achten Sie immer auf Ihre Position und zwingen Sie Ihr Pferd zu nichts. Diese Übung braucht Zeit und Vertrauen, keinen Druck!

UNTEN BLEIBEN

Bleibt Ihr Pferd mit Ihnen am Boden und legt den Kopf ab, dann streicheln Sie es am Hals und loben es mit ruhiger Stimme. Wenn es das Futter nimmt, können Sie ihm auch ein Leckerli geben.

Es braucht wie immer Übung und Geduld. Wenn Sie Ihrem Pferd schon mit viel Vertrauen das Liegen beigebracht haben, dann wird auch diese Übung gelingen.

▲

VERTRAUENSBEWEIS

Versucht Ihr Pferd aufzustehen, dann lassen Sie es. Möglicherweise gerät es in Panik, wenn Sie es festhalten, und bringt Sie dadurch in Gefahr. Druck ist nicht nötig und auch überhaupt nicht sinnvoll. Ein Pferd, das Stress hat, wird sich nicht hinlegen. Versuchen Sie es geduldig immer wieder. Mit der Zeit wird das Pferd sicherer, dann bleibt es auch länger liegen.

Achten Sie immer darauf, dass Sie hinter Ihrem Pferd sitzen und dass sich Ihr Pferd nicht wälzen will. Liegt Ihr Pferd ganz ruhig auf der Seite, streicheln Sie es, auch über Schulter und Bauch. Behalten Sie das Pferd gut im Auge! Bleibt es ruhig und entspannt liegen, dann können Sie versuchen, Ihren Kopf auf die Schulter des Pferdes zu legen. Dafür brauchen Sie sehr viel Vertrauen zum Pferd und das Pferd zu Ihnen. Genießen Sie die innige Verbindung.

Wussten Sie?

Flach liegen ist ein extremer Vertrauensbeweis Ihres Pferdes. Sie sollten das wirklich zu schätzen wissen. Um zu erkennen, ob Ihr Pferd entspannt ist, achten Sie beim Liegen auf seine Beine: Wenn diese ruhig und locker am Boden liegen, fühlt sich Ihr Pferd wohl.

Sitzen

Das Sitzen lernen die Pferde am besten aus dem Liegen heraus. Wenn es Ihnen gelingt, das Aufstehen in einzelnen Schritten zu kontrollieren, ist das Wesentliche schon geschafft. Dafür muss Ihr Pferd aber das Liegen sehr gut beherrschen und auch am Boden liegen bleiben, ohne sofort wieder von allein aufzuspringen.

▲

BEWEGUNG ABSTOPPEN

Will Ihr Pferd aus dem Liegen aufstehen, wird es die Vorderbeine nach vorn ausstrecken. Diesen Moment passen Sie ab: Stoppen Sie Ihr Pferd mit einem Leckerchen. Oder Sie geben aktiv mit Kommando (z. B. „Sitz") das Signal zum Aufstehen und halten in der Hand ein Leckerchen. Ihr Pferd wird den Kopf heben, um an das Leckerchen zu kommen. Sobald es die Beine gestreckt hat, aber nur, wenn es am Boden bleibt, bekommt es das Leckerli, und Sie loben ausgiebig.

▲

HÖHERKOMMEN

Im nächsten Schritt soll Ihr Pferd sich mit den Vorderbeinen aufrichten. Dafür können Sie wieder mit einer Belohnung arbeiten. Ich stehe hier vor Romeo, da er die Übung sicher beherrscht. Bleiben Sie zu Anfang aber seitlich neben dem Pferd und geben Sie das Stimmkommando „Sitz", kombiniert mit einem Handzeichen. Halten Sie nun Ihre Hand mit der Belohnung über den Kopf des Pferdes. Ihr Pferd muss sich weiter aufrichten, um an das Leckerchen zu kommen.

▲

IN KLEINEN SCHRITTEN

Belohnen Sie das Pferd, sobald es mit den Vorderbeinen etwas hochgekommen ist, gerade einen Moment, ehe es aufspringen würde. Beim nächsten Versuch können Sie versuchen, ob Ihr Pferd noch ein Stückchen höherkommt. Erwarten Sie nicht, dass Ihr Pferd sofort sitzt, sondern arbeiten Sie sich schrittweise weiter nach oben!

Sobald Ihr Pferd Handzeichen und Kommando verstanden hat, wird das weitere Üben einfach: Sie stellen sich seitlich neben Ihr liegendes Pferd, sagen „Sitz", geben das Handzeichen (mit der Hand, in der Sie auch das Leckerchen halten) und warten, bis Ihr Pferd sich langsam aufsetzt. Jeder gute Schritt wird anfangs belohnt.

So bekommen Sie die einzelnen Phasen besser unter Kontrolle und Ihr Pferd hat nicht den Impuls, sofort aufzuspringen. Nach und nach reduzieren Sie die Belohnung und loben schließlich erst, wenn die Lektion beendet ist.

Es dauert vielleicht eine Weile, bis diese Übung klappt. Aber wer hat schon ein Pferd, das auf Kommando sitzen kann?

Steigen an der Hand

Romeo hat das Steigen aus dem Spielen heraus schon als junges Pferd gelernt. Es gibt aber die unterschiedlichsten Möglichkeiten, einem Pferd das Steigen beizubringen. Ich kann in diesem Buch nicht alle Methoden beschreiben und nehme mir deshalb eine Möglichkeit heraus, die gut nachvollziehbar ist. Als Erstes aber noch einmal der Hinweis: Nicht jedes Pferd ist für diese Lektion geeignet. Sie sollten das Thema „Wer ist der Boss?“ definitiv vorher geklärt haben. Mit sehr dominanten Pferden übe ich das Steigen erst gar nicht.

◄ UNGEWOHNTES SPIEL

Arbeiten Sie mit einem Halfter und einem langen Seil. Nehmen Sie kein Anbindeseil, sondern ein Arbeitsseil von mindestens drei oder vier Metern Länge.

Stellen Sie sich vor Ihr Pferd und versuchen Sie, es „anzuspielen“, indem Sie das Seil etwas schütteln und dann plötzlich einen Schritt auf Ihr Pferd zu machen. Achten Sie unbedingt auf ausreichenden Abstand!

Ihr Pferd wird zunächst nicht verstehen, was Sie von ihm wollen. Probieren Sie es aus dieser spielerischen Situation heraus immer wieder. Kommt Ihr Pferd auf Sie zu, dann schicken Sie es auf seinen Platz zurück. Es sollte nie zu dicht bei Ihnen stehen, um Sie nicht zu verletzen.

Beobachten Sie die Reaktionen Ihres Pferdes gut, achten Sie auf seine Mimik und Körpersprache. Wirkt es verängstigt oder wird es gar ärgerlich, beenden Sie die Übung. Überlegen Sie, ob sich Ihr Pferd für das Steigen eignet.

HOCH

Vermutlich versucht Ihr Pferd zunächst herauszufinden, was Sie nun genau von ihm wollen. Anfangs kann es sein, dass es nur den Kopf hochwirft. Auch das sollten Sie sofort loben.

Versuchen Sie es noch einmal. Nehmen Sie die Arme hoch und geben Sie ruhig schon jetzt ein Stimmkommando, z. B. „Hoch!“. Vielleicht nimmt Ihr Pferd (auch eher zufällig) die Vorderbeine etwas vom Boden. Das ist gut so, loben Sie!

Nun lernen die meisten Pferde sehr schnell, was sie tun sollen. Ihr Pferd wird nach kurzer Zeit die Vorhand immer höher nehmen. Üben Sie anfangs regelmäßig alle zwei bis drei Tage für etwa zehn Minuten und immer nach dem gleichen Schema. Vergessen Sie das Stimmkommando nicht! Jede positive Reaktion wird sofort belohnt.

AUF SICHERHEIT

Das richtige Steigen gelingt vor allem durch Ihre deutliche Körpersprache. Werden Sie selbst groß und dominant, aber beachten Sie unbedingt weiterhin den Sicherheitsabstand! Romeo habe ich beigebracht, dass er in dieser Lektion erst zwei bis drei Schritte rückwärtsgehen muss, ehe ich das Kommando zum Steigen gebe. So hat er genügend Abstand zu mir.

Erst wenn Ihr Pferd am Seil sicher und nur auf Kommando steigt, können Sie es ohne Seil probieren. Halten Sie aber auch dann unbedingt den Sicherheitsabstand ein.

Steigen mit Reiter

Sie möchten, dass Ihr Pferd mit Reiter steigt? Das erfordert ein wenig Mut und Sie sollten es erst wagen, wenn das Steigen am Boden gut auf Handzeichen und Kommando funktioniert. Zunächst wird genauso geübt wie ohne Reiter, das heißt, ein Helfer übernimmt die Position am Boden. Er steht mit Abstand vor dem Pferd, gibt das bekannte Stimmkommando zum Steigen und setzt auch die entsprechende Körperhaltung ein.

DER REITERSITZ

Beim Steigen mit Reiter ist es wichtig, dass der Reiter die Zügel etwas nachgibt und gerade sitzt. Legen Sie die Beine etwas weiter nach hinten und beugen Sie sich leicht nach vorn, sobald Ihr Pferd steigt.

Erschrecken Sie nicht, wenn Ihnen der Hals des Pferdes entgegenkommt! Nehmen Sie Ihren Kopf eventuell ein wenig zur Seite.

Sobald Sie und Ihr Pferd mehr Routine haben, können Sie Ihre vorbeugende Körperhaltung wieder reduzieren.

▼

GUT GEMACHT

Steigt das Pferd brav auf Kommando (und nur dann!), wird es ausgiebig gelobt. Auf keinen Fall dürfen Sie loben, wenn das Pferd ohne Aufforderung dieses Zirkusstückchen abspult. Sie müssen unbedingt vermeiden, dass sich das Steigen verselbständigt, sonst wird es gefährlich. In diesem Fall brechen Sie das Üben dieser Zirkuslektion lieber ab.

Klappt das Steigen mit Reiter gut und in aller Ruhe, können Sie es auch ohne Helfer versuchen. Stellen Sie sich mitten auf den Reitplatz und geben Sie die bekannten Kommandos. Steigt Ihr Pferd? Falls nicht, bitten Sie Ihren Helfer noch einmal um Unterstützung.

EINDEUTIGE SIGNALE

Damit Romeo das Steigen unter dem Reiter nicht mit Rückwärtsrichten in Verbindung bringt (und dann womöglich bei jedem Rückwärtsrichten steigen möchte, weil sich beide Sitzpositionen sehr ähneln), habe ich vom Sattel aus ein weiteres Zeichen für mein Pferd eingebaut: Ich zupfe ein wenig an einer Mähnensträhne, im gleichen Moment gebe ich das Kommando zum Steigen.

Haben Sie und Ihr Pferd genügend Routine und Sicherheit, können Sie dieses Kunststück noch weiter ausbauen und das Steigen ohne Sattel probieren. Sie können es auch in eine kleine Show integrieren. Immerhin beherrscht Ihr Pferd nun schon einige Zirkuslektionen.

Podestarbeit

Handwerklich begabte Menschen können ein Podest relativ einfach selbst bauen. Sie brauchen ein oder zwei Europaletten, eine Sperrholzplatte in Größe der Paletten und/oder eine dicke Gummimatte als Trittfläche. Achtung: Ein Podest aus zwei Paletten ist sehr schwer! Verschrauben Sie die Paletten und nageln Sie die Matte oder Sperrholzplatte darauf. Unter Kunstrasen müssen Sie immer eine Platte nageln, sonst ist das Podest nicht stabil genug.

▲

VERTRAUT MACHEN

Führen Sie Ihr Pferd an das Podest heran. Lassen Sie es daran schnuppern. Stellen Sie sich auf das Podest, um Ihrem Pferd zu zeigen, dass das Holzding völlig ungefährlich ist. Bleibt Ihr Pferd ruhig neben dem Podest stehen, loben Sie es.

Stellen Sie Ihr Pferd vor das Podest und versuchen Sie nun, es mit einem Huf auf das Podest zu locken. Klappt das nicht, dann kann vielleicht ein Helfer das Vorderbein des Pferdes anheben, den Huf auf das Podest setzen und kurz festhalten.

▲

FORTSCHRITTE

Locken Sie Ihr Pferd, bis es auch den zweiten Huf auf das Podest setzt. Loben, loben, loben! Versuchen Sie noch nicht, Ihr Pferd sofort mit allen vier Hufen auf das Podest zu bekommen, vor allem dann nicht, wenn Sie ein eher vorsichtiges und unsicheres Pferd haben. Lassen Sie Ihr Pferd kurz auf dem Podest stehen.

Achtung: Auch ruhige Pferde können vor Schreck vom Podest springen. Stellen Sie sich nie vor das Pferd, sondern immer leicht seitwärts, bis das Pferd sicherer ist.

◄

ZURÜCK

Führen Sie Ihr Pferd rückwärts (!) wieder vom Podest herunter. Es soll nicht über das Podest laufen. Achten Sie darauf, dass es sich nicht vertritt oder seitlich abrutscht. Haben Sie ein ruhiges und motiviertes Pferd, das sich geradezu anbietet, mit allen vier Hufen aufs Podest zu klettern, dürfen Sie dies beim nächsten Versuch natürlich zulassen.

Übungen auf dem Podest

Sobald Ihr Pferd gelassen mit den Vorderbeinen auf das Podest geht, versuchen Sie, ob es mit allen vier Beinen darauf stehen bleibt. Auch hier könnte es anfangs nötig sein, dass Sie einen Helfer dazuholen. Ist Ihr Pferd entspannt und gelassen, dann probieren Sie es allein aus. Denken Sie daran, dass Sie nicht genau vor Ihrem Pferd stehen, falls es doch nach vorne wegspringen will!

VIER BEINE AUFS PODEST

Locken Sie das Pferd langsam auf das Podest. Sobald Ihr Pferd mit allen vier Hufen auf dem Podest steht, loben Sie es ausgiebig und lassen es ganz entspannt eine Zeit lang stehen.

Traut sich Ihr Pferd nicht auf das Podest, kann ein Helfer es leicht von hinten mit der Gerte antippen. Aber Vorsicht: Machen Sie nicht zu viel Druck! Das Pferd soll kontrolliert auf das Podest treten.

ABSTEIGEN

Führen Sie dieses Mal Ihr Pferd Schritt für Schritt nach vorn herunter vom Podest. Das ist deutlich einfacher, als rückwärts mit allen vier Beinen abzusteigen. Außerdem ist die Gefahr, dass das Pferd sich verletzt, viel geringer.

Wichtig: Bandagieren Sie die Beine Ihres Pferdes oder legen Sie ihm Gamaschen an, um die Verletzung zu minimieren, sollte es doch einmal vom Podest abrutschen.

DREHEN AUF DEM PODEST

Bauen Sie im Lauf der Zeit Variationen ein, um Abwechslung in die Podestarbeit zu bringen.

Eine neue Aufgabe ist z. B. das Drehen auf dem Podest. Das ist schon eine ganz schön schwierige Übung, da die Pferde meist versuchen, an der schmalen Podestseite abzusteigen.

Üben Sie am Anfang nur, dass das Pferd sich überhaupt auf dem Podest bewegt. Manche Pferde kostet das große Überwindung, viele sind verunsichert. Eine halbe oder Vierteldrehung reicht zu Beginn. Lassen Sie das Pferd ruhig stehen und nachdenken, loben Sie es und üben Sie weiter. Versucht Ihr Pferd abzusteigen, führen Sie es (vorwärts!) ganz vom Podest und beginnen noch einmal von vorn.

Achten Sie immer auf die Position der Hufe. Kommt Ihr Pferd zu nahe an den Rand des Podests, dann korrigieren Sie mit Augenmaß, bis es wieder mittig steht.

SPANISCHER SCHRITT

Hat Ihr Pferd Spaß an der Podestarbeit, können Sie versuchen, ob es einen Spanischen Schritt auf dem Podest macht. Stellen Sie es mit zwei oder auch mit vier Beinen auf das Podest, zeigen Sie auf seine Schulter und geben Sie die gleichen Kommandos, die es schon aus der bisherigen Arbeit kennt. Oder Sie nehmen ein Vorderbein hoch, halten es einen Moment fest und stellen es dann wieder ab.

Podestarbeit mit Reiter

Viele Pferde haben großen Spaß an der Podestarbeit. Üben Sie aber nicht jeden Tag, denn dann wird es dem Pferd zu viel und es verliert vielleicht die Motivation. Geht Ihr Pferd problemlos mit allen vier Beinen aufs Podest, können Sie es vom Pferderücken aus versuchen. So können Sie diese Übung als Variante in Ihr Reittraining einbauen.

MIT HELFER

Lassen Sie sich zur Vorsicht erst einmal führen. Das gibt Ihnen und dem Pferd anfangs mehr Sicherheit, die Aufgabe ist klarer. Sobald Ihr Pferd auf dem Podest steht, wird es von Ihnen und vom Helfer gelobt. Ihr Helfer führt das Pferd anschließend rückwärts herunter.

Erst wenn es mit Reiter und Helfer gut funktioniert und Ihr Pferd in jeder Lage ruhig bleibt, probieren Sie es allein vom Sattel aus.

▼

BELOHNUNG

Manche Pferde fühlen sich mit Reiter plötzlich wieder unsicher auf dem Podest. Geduld, Ruhe und ein Leckerli helfen über die Startschwierigkeiten meistens sehr schnell hinweg.

Zwingen Sie das Pferd zu nichts, sondern üben Sie lieber noch einmal an der Hand, wenn es mit Reiter nicht auf das Podest treten will.

Romeo ist geübt und zuverlässig, daher arbeiten wir hier sogar ohne Sattel.

ENTSCHLOSSEN

Versuchen Sie es ohne Helfer, reiten Sie von der langen Seite auf das Podest zu. Steht Ihr Pferd mit den Vorderbeinen auf dem Podest, bleiben Sie einen Moment stehen, loben und gehen gelassen rückwärts wieder runter.

Versucht Ihr Pferd auszuweichen, können Sie das Podest vielleicht an Zaun oder Bande positionieren, oder ein Helfer steht zunächst noch neben dem Podest.

STOLZES PAAR

Schnell werden Sie und Ihr Pferd sich daran gewöhnen, aufs Podest zu steigen. Bald wird es auch mit vier Hufen klappen.

Viele Pferde lieben das Podest, weil sie erhöht stehen. Das bevorzugen sie auch in freier Wildbahn. Die Fluchttiere haben hier einen besseren Überblick.

Diese Übung eignet sich sehr gut für Pferde, deren Selbstbewusstsein Sie steigern möchten.

Tricks

Zirkustricks sind Gehirntraining für Ihr Pferd. Es macht Pferde tatsächlich klüger, wenn Sie neue Aufgaben lösen müssen. Tricks bieten Ihnen viele Möglichkeiten, auf die Vorlieben Ihres Pferdes einzugehen. Gelingt es Ihnen, Ihr Pferd dafür zu begeistern, werden Sie beide profitieren. Und Sie haben die bewundernden Blicke Ihrer Zuschauer sicher: Tricks lassen sich sehr schön in eine kleine Show einbauen. Ich stelle Ihnen meine Lieblingstricks vor, an denen auch meine Pferde unglaublich viel Spaß haben. Ihrem Einfallsreichtum sind keine Grenzen gesetzt. Auch hier gilt, wie schon bei den Zirkuslektionen: Überlegen Sie sich genau, was Sie Ihrem Pferd beibringen wollen. Auch kleine Tricks haben manchmal ihre Tücken …

BLICKKONTAKT

Im Gegensatz zum Reiten können Sie Ihr Pferd bei der Bodenarbeit viel besser beobachten. Ist es verspannt und schlägt unruhig mit dem Schweif? Schaut es interessiert oder wirkt es eher unsicher? Ist es konzentriert bei der Sache oder lässt es sich leicht ablenken?

Achten Sie auf die Mimik Ihres Pferdes: Versteht es, was Sie wollen? Hat es Spaß dabei? Findet es die Übung anstrengend ode fällt sie ihm leicht?

Wir können die Zirkusarbeit nutzen, um unserem Pferd besser zuzuhören und es wirklich zu verstehen. Das vertieft unsere Freundschaft.

NEBENWIRKUNGEN

Ich habe Romeo beigebracht, sich die Decke abzuziehen. Viele Pferdehalter sagen nun zu mir: „Jaaaaa, aber dann zieht er sich ja jede Decke ab, das will ich nicht." Müssen Sie wirklich damit rechnen, dass Ihr Pferd nun auch die teure Regendecke auszieht und womöglich zerreißt?

Ich kann Sie beruhigen: Das müssen Sie nicht. Aber Sie sollten das Training richtig anfangen! Achten Sie von vornherein auf deutliche Signale und ignorieren Sie es, wenn Ihr Pferd unaufgefordert Tricks oder Lektionen zeigt. Prüfen Sie , ob Sie versehentlich ein Signal gegeben und es nicht bemerkt haben. Auch der Ort, an dem Sie üben, ist entscheidend. Üben Sie nie in der Box oder in der Stallgasse, sondern suchen Sie sich einen neutralen Bereich.

Decke ausziehen

„Decke ausziehen“ ist ein schöner Trick, aber es gibt etwas zu beachten: Um zu vermeiden, dass sich das Pferd jede Pferdedecke auszieht, üben Sie bitte von Anfang an nur mit einer bestimmten, ganz gewöhnlichen Decke. Und nur mit dieser! Keine Abschwitz- oder Regendecke, sondern eine günstige, dünne Decke aus dem Supermarkt. Üben Sie auch nur an einem bestimmten Platz, also z. B. nur auf dem Reitplatz. So kommt Ihr Pferd nicht auf die Idee, sich in der Stallgasse oder in der Box die Decke auszuziehen, denn dort werden Sie unter keinen Umständen diesen Trick ausprobieren!

DAS PRINZIP

Gehen Sie mit Ihrem Pferd, der Decke und ein paar Leckerchen (in dem Fall sind Apfelstücke recht gut) z. B. auf den Reitplatz. Nun legen Sie Ihrem Pferd die Decke locker über den Rücken, nehmen ein vorderes Ende, heben es leicht an und sagen „Halt“ oder „Nimm“. Ziel ist, dass Ihr Pferd den Kopf zu Ihnen dreht, den Zipfel nimmt und den Kopf wieder nach vorn dreht. Dabei zieht es automatisch die Decke vom Rücken.

▼

APFELTRICK

Vermutlich wird Ihr Pferd erst einmal keinerlei Interesse an der Decke zeigen. Nun kommt der Apfel ins Spiel: Reiben Sie das Ende der Decke, das Ihr Pferd ins Maul nehmen soll, mit einem Apfelstück ein. Sobald Ihr Pferd an dem Deckenende knabbert, loben Sie es und geben ihm den Apfel oder ein Leckerli. Es wird anfangs also dafür belohnt, dass es den Deckenzipfel ins Maul nimmt.

▼

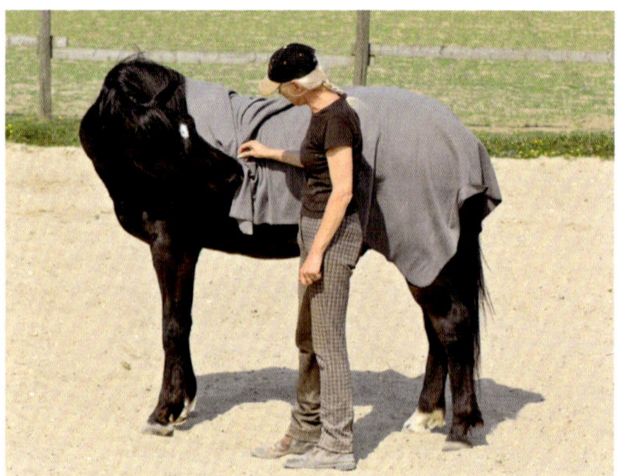

GANZ NEBENBEI

Nimmt das Pferd die Decke erst einmal ins Maul, folgt das Deckeabziehen fast von allein. Sobald Ihr Pferd das Deckenende im Maul hält, wird es den Kopf wieder nach vorn bewegen oder nach oben oder unten. Wenn Sie Glück haben, lässt es die Decke dabei im Maul und zieht sie so zunächst eher zufällig vom Rücken. Wenn nicht, probieren Sie es noch einmal. Loben Sie Ihr Pferd sofort! Sehr schnell begreifen die Pferde, was verlangt wird.

Funktioniert dieser Trick gut, können Sie mit Ihrem Pferd üben, dass es Ihnen die Decke in die Hand gibt: Sobald es die Decke abzieht, halten Sie schnell Ihre Hand hin und fangen die Decke aus seinem Maul ab. Loben Sie wieder. Sie können die Decke auch gegen ein Leckerli „tauschen". Lässt das Pferd die Decke sofort fallen, loben Sie nicht.

So erreichen Sie im Laufe der Zeit, dass Ihr Pferd wartet, bis Sie die Decke aus seinem Maul nehmen.

▼

Mütze abziehen

Die Übung „Mütze abziehen“ eignet sich nur für eher ruhige Pferde. Mit einem Pferd, das von sich aus schon gerne nach etwas schnappt, sollte man diesen Trick nicht üben. Die Gefahr besteht dann darin, dass das Pferd zu grob zufasst und Sie verletzt. Überlegen Sie also bitte gut, ob Sie diese Übung in Ihr Repertoire aufnehmen möchten.

▲

SANFT GENUG?

Stellen Sie sich vor Ihr Pferd und reiben Sie den Schirm einer alten Mütze z. B. mit einem Stück Apfel ein. Halten Sie die Mütze zu Beginn ein wenig über Ihren Kopf, anstatt sie gleich aufzusetzen. So können Sie testen, ob Ihr Pferd vorsichtig genug danach greift.

Auch hier probieren Sie zunächst, ob Ihr Pferd die Mütze spielerisch ins Maul nimmt. Bauen Sie sofort ein Kommando in den Übungsablauf ein.

GANZ VORSICHTIG

Haben Sie das Gefühl, dass Ihr Pferd vorsichtig genug ist, gehen Sie einen Schritt weiter: Setzen Sie die Mütze auf den Kopf und probieren Sie, ob das Pferd sie „abzieht". Gehen Sie dazu in die Knie. Zeigen Sie mit der Hand auf den Schirm der Mütze und geben Sie Ihr Kommando. Sehen Sie, wie vorsichtig Romeo die Mütze ins Maul nimmt? Ich senke den Kopf ein wenig, dann rutscht sie fast von allein herunter.

ÜBERGABE

Nun macht Ihr Pferd vermutlich schnelle Fortschritte und Sie steigern die Aufgabe, damit es nicht langweilig wird: Nach dem Abziehen sollte Ihr Pferd Ihnen die Mütze wiedergeben.

Lässt es sie sofort fallen, wird es gelobt, bekommt aber kein Leckerli. Hält Ihr Pferd die Mütze noch eine kurze Zeit fest, sodass Sie ihm diese aus dem Maul nehmen können, wird es mit einem Leckerli belohnt.

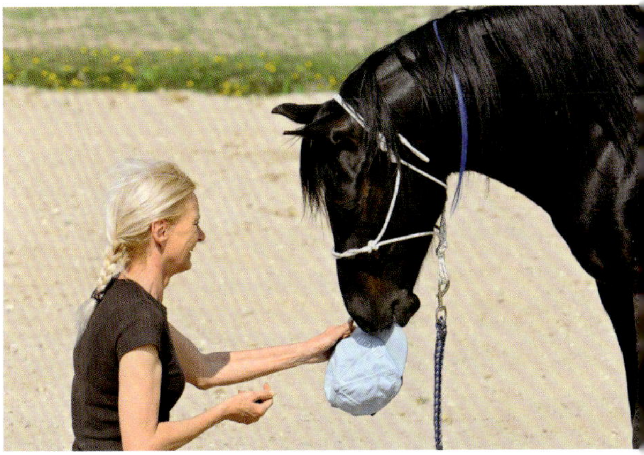

BRAV!

Das Erlernen von Tricks funktioniert grundsätzlich über das Loben. Sie müssen dabei immer den richtigen Moment abpassen, in dem Sie Ihrem Pferd die positive Rückmeldung geben. Das darf nicht zu früh, aber auch nicht zu spät sein.

Hier ist genaues Timing gefragt und ein Gespür für die Reaktionen Ihres Pferdes. Das ist Ihre persönliche Herausforderung bei diesem Trick ...

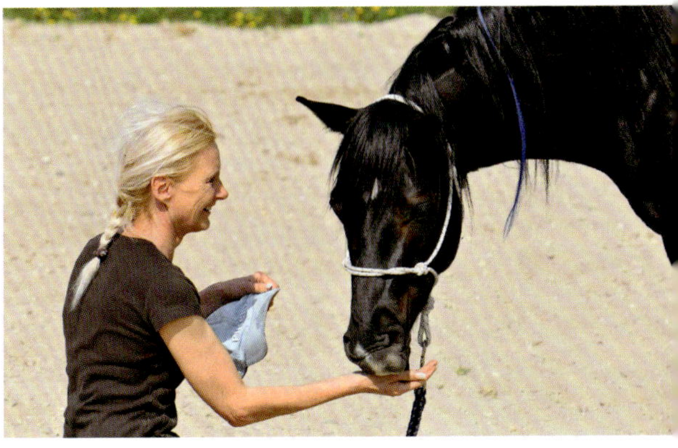

Beine kreuzen

Beinekreuzen ist ein sehr publikumswirksamer Trick. Es sieht beinahe so aus, als würde Ihr Pferd sagen: „Bis hierher und keinen Schritt weiter!“ oder „Nein, ich mag nicht“. Und genau so können Sie den Trick in einer kleinen Show auch präsentieren. Oder Sie kreuzen die Beine parallel mit Ihrem Pferd, das sieht auch sehr lustig aus!

LOCKER LASSEN

Um Ihrem Pferd das Beinekreuzen beizubringen, stellen Sie sich in Schulterhöhe neben das Pferd. Nun nehmen Sie sein Vorderbein vorsichtig in die Hand und führen es langsam etwas hin und her. So testen Sie, ob Ihr Pferd das Bein entspannt und locker bewegen lässt.

GEWICHT VERLAGERN

Manchmal ist das Pferd verunsichert und mag das Bein nicht anheben. Lehnen Sie sich in diesem Fall ein wenig gegen die Schulter Ihres Pferdes. Dann wird es vermutlich sein Gewicht vermehrt auf das Standbein verlagern und Sie können das Ihnen zugewandte Bein anheben und bewegen.

ÜBERSCHLAGEN

Führen Sie nun das angehobene Bein leicht über das andere und halten es kurz fest. Denken Sie daran, ein Kommando einzubauen, z. B. „Kreuz". Danach stellen Sie das Bein langsam wieder zurück.

Im nächsten Schritt kreuzen Sie das Bein, halten es über Kreuz und sagen z. B. „Bleib", damit Ihr Pferd lernt, das Bein dort zu halten. Nehmen Sie das Bein zurück, können Sie z. B. das Kommando „Ab" benutzen.

Nach einigen Versuchen kreuzen Sie das Bein, sagen „Bleib" und nehmen Ihre Hand weg. Hält Ihr Pferd sein Bein dort (auch wenn es nur kurz ist), loben Sie es überschwänglich. Die meisten Pferde wollen ihre Beine möglichst schnell wieder „sortieren". Bleibt Ihr Pferd in dieser Position, vertraut es Ihnen. Bleiben Sie geduldig!

Haben Sie das Gefühl, Ihr Pferd hat verstanden, was es tun soll, dann kreuzen Sie das Bein nicht mit der Hand, sondern mit Ihrem Fuß. Legen Sie eine Hand auf den Hals oder Widerrist, sagen „Kreuz" und schieben mit Ihrem Fuß das Pferdebein hinüber. Kreuzen sich die Beine Ihres Pferdes, folgt das Kommando „Bleib" und nach einigen Sekunden „Ab". Später tippen Sie kurz mit Ihrem Fuß an den Huf Ihres Pferdes und benutzen nur noch die Stimmkommandos.

Diesen Trick kann man weiter ausbauen: Üben Sie mit Ihrem Pferd, dass es synchron mit Ihnen die Beine kreuzt!

Für das Beinekreuzen eignet sich nicht jedes Pferd. Es sollte eher ruhig und gelassen sein. Auch sollten Sie anfangs nur an einem bestimmten Platz üben.

Tauziehen

Ein lustiger kleiner Trick ist das „Tauziehen". Hierfür brauchen Sie nur ein Seil – ein alter Führstrick (ohne Karabinerhaken!) reicht völlig aus. Auch diese Übung ist prädestiniert für neugierige Pferde, die gern alles ins Maul nehmen. Fangen Sie mit einem kurzen Strick an, später können Sie dann auch ein längeres Seil benutzen. Dieses Mal muss das Pferd lernen, etwas festzuhalten und nicht mehr loszulassen. Und das bedeutet: üben, üben, üben!

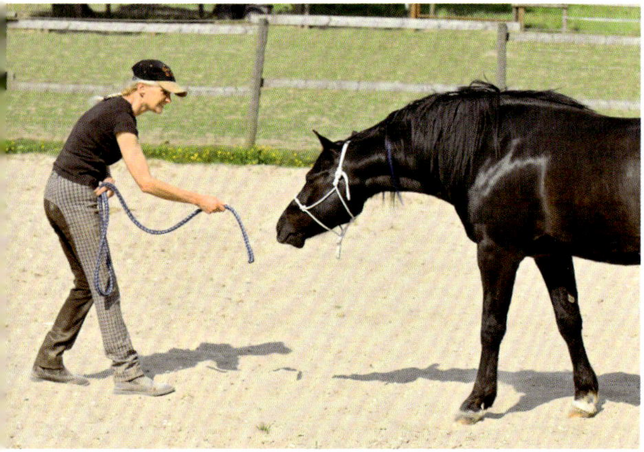

ANBIETEN

Nehmen Sie ein Ende des Stricks und reiben es wieder mit Apfel (oder auch Banane, falls Ihr Pferd das mag) ein, um ihm das Seilende „schmackhaft" zu machen. Halten Sie dieses Ende Ihrem Pferd entgegen. Sobald Ihr Pferd das Ende des Stricks ins Maul nimmt, loben Sie ausgiebig.

Das üben Sie so lange, bis Ihr Pferd das Seil sofort ins Maul nimmt, wenn Sie es ihm entgegenhalten.

HALTEN

Als Nächstes probieren Sie aus, ob Ihr Pferd das Seil etwas länger im Maul behält. Das ist Übungssache und funktioniert natürlich nicht auf Anhieb, sondern entwickelt sich im Lauf der Zeit. Seien Sie nicht ungeduldig!

Benutzen Sie am Anfang immer dasselbe Seil. Es sollte robust sein, damit Ihr Pferd keine Stücke herausbeißen kann und es bei den Zugversuchen nicht reißt.

ZIEHEN

Versuchen Sie zunächst nur leicht am Seil zu ziehen – mit ganz wenig Kraft und auf keinen Fall ruckartig. Loben Sie Ihr Pferd, wenn es das Seil weiterhin im Maul behält. (Aber Achtung, loben Sie nicht gerade in dem Moment, in dem es loslässt!) Hält es das Seil nicht, bekommt es kein Lob und Sie beginnen von vorn.

Es dauert sicher eine Zeit, bis Ihr Pferd begreift, was Sie dieses Mal möchten.

WETTSTREIT

Nun (und erst jetzt!) können Sie wirklich am Seil ziehen wie beim Tauziehen. Nicht ruckartig, sondern langsam, aber konstant, bis Sie Ihr ganzes Gewicht an das Seil hängen können. Aber Achtung: Ihr Pferd lässt sicher ganz plötzlich los! Üben Sie daher nur auf weichem Untergrund. Ich bin beim Training so manches Mal auf meinem Po gelandet.

Wussten Sie?

Prinzipiell hat jede Lektion, jeder Trick ein eigenes Kommando, damit das Pferd besser unterscheiden kann. „Halt“ ist allerdings ein bei mehreren Übungen universell einsetzbares Signal. Verwenden Sie dieses Stimmkommando immer dann, wenn das Pferd etwas ins Maul nehmen und nicht loslassen soll.

Aufräumen

Ist Ihr Pferd nun allmählich auf den Geschmack gekommen, lassen sich die Übungen, bei denen es etwas ins Maul nehmen soll, unendlich variieren. Ich kann Ihnen noch eine Anregung geben: Sehr beliebt ist das „Aufräumen". Damit bringen Sie Ihre Zuschauer mit Sicherheit zum Schmunzeln und Ihre Stallkollegen werden Sie bestimmt beneiden!

ANFASSEN

Stellen Sie drei oder vier Pylonen hintereinander auf den Boden. Am besten reiben Sie die erste Pylone am Rand mit einem Apfel ein, um dem Pferd das Aufnehmen des Gegenstandes schmackhafter zu machen. Vielleicht ist es aber schon so vertraut mit der Zirkusarbeit, dass das gar nicht mehr notwenig ist.

Sie zeigen auf die Pylone, geben Ihr Stimmkommando (z. B. „Halt") und loben Ihr Pferd, sobald es die Pylone aufnimmt.

Pylonen gibt es aus unterschiedlichen Materialien, manche sind aus härterem Kunststoff, dafür aber leichter. Es gibt kleine und größere Modelle. Probieren Sie aus, welche Pylone Ihr Pferd lieber ins Maul nimmt.

IM GRIFF

Damit Romeo die Pylone besser „greifen" kann, kicke ich sie kurz mit dem Fuß um, dann kann er sie am unteren Rand ins Maul nehmen. Manche Pferde packen sie aber auch am spitzen oberen Rand und heben sie hoch.

Haben Sie Spaß mit den Pylonen? Dann üben Sie doch noch ein wenig weiter! Ihr Pferd soll die Pylone nicht nur ins Maul nehmen, sondern hochheben und Ihnen in die Hand abgeben.

▼

BRAVER HELFER

Zeigen Sie wieder auf die Pylone, geben Sie das Kommando und nehmen Sie die Pylone rechtzeitig, ehe Ihr Pferd sie wieder fallen lässt, in die Hand. Nun loben Sie wieder!

Schnell lernt Ihr Pferd, dass es ein Lob und vielleicht ein Leckerchen bekommt, wenn es Sachen aufhebt und abgibt.

So kann man eine kleine Serie daraus machen, und es gibt erst dann ein großes Leckerchen, wenn Ihr Pferd die dritte oder vierte Pylone „aufgeräumt" hat.

▼

Fußball spielen

Nach all den Tricks brauchen Sie noch ein wenig Action zum Abschluss? Da hätte ich eine Idee! Spielt Ihr Pferd gern Ball, wie ich es in meinem Buch „Bodenarbeit mit Pferden“ vorgestellt habe? Wenn es auf Handzeichen und/oder Kommando gegen den Ball treten kann, dann könnten Sie den nächsten Schritt wagen und zu Pferd Fußball spielen.

▲

BALLGEFÜHL

Geben Sie vom Pferd aus das gleiche Stimmkommando wie am Boden, z. B. „Kick“. Folgen Sie immer dem Ball und führen Sie das Pferd am langen Zügel direkt auf den Ball zu. Am Anfang tritt es oft eher zufällig dagegen. Beginnen Sie unbedingt im Schritt! Klappt das gut, dann können Sie einen kleinen Trab einbauen. Am besten, wenn der Ball weit entfernt liegt, sodass Sie ein paar Schritte traben können, ehe Sie auf den Ball treffen.

TOR

Um das Ballspielen interessanter zu gestalten, stellen Sie zwei Tonnen oder Pylonen in einem guten Abstand als Tor auf den Reitplatz und versuchen, den Ball hindurchzuschießen. Sie werden sehen, das ist gar nicht so einfach. Sie müssen genau anreiten, um den Ball in die gewünschte Richtung zu schubsen. Weicht Ihr Pferd aus, wird der Ball nicht ins Tor gehen.

TEAMS

Falls Sie in Ihrem Stall Mitspieler finden, können Sie auch zu zweit oder viert spielen und kleine Turniere austragen.

Spielen Sie zu zweit, hat der gewonnen, der zuerst den Ball durch die Tonnen schießt.

Spielen Sie mit zwei Zweierteams, dann bauen Sie am besten auch zwei Tore auf, so entzerrt sich das Spielgeschehen und wird nicht zu turbulent. Bleiben Sie auch im Wettstreit fein in Ihren Hilfen!

ROUTINIERT

Vorsicht: Im Spieleifer kann der Ball schon mal unter den Bauch der Pferde rollen oder von hinten an die Beine geraten. Viele Pferde erschrecken dann.

Üben Sie erst mit Halfter und Strick am Boden, um die Pferde an das rollende Etwas zu gewöhnen. Bewegen Sie den Ball vom Pferd weg und zu ihm hin. Ihre Pferde sollten wirklich hundertprozentig routiniert sein, damit sie sich beim Spielen nicht erschrecken.

Wohlfühlprogramm

Wenn Sie nun fleißig geübt haben, egal ob Bodenarbeit, Zirkuslektionen oder Tricks, dann hat sich Ihr Pferd einen schönen Abschluss verdient. Genießen Sie, wie schön das Miteinander war. Sie können Ihrem Pferd als Belohnung auch eine Massage mit dem Gummistriegel gönnen oder entspannendes Schweifkreisen machen. Vielleicht mögen Sie den Tag mit einem Ausritt ausklingen lassen oder Sie schicken Ihr Pferd auf die Weide. Worüber freut sich Ihr Pferd, was mag es besonders?

GENUSSVOLL

Shir Khan wälzt sich nach getaner Arbeit gerne, er dreht und wendet sich wie eine Katze. Man sieht ihm an, wie gut das tut! Auch Romeo liebt es, sich nach getaner Arbeit in den Sand zu werfen. Und meistens bleibt er erst einmal faul liegen. Es ist aber nicht so, dass er völlig erschöpft wäre. Wir üben zwar gerne miteinander, aber ich beende das Training immer, ehe das Pferd müde und unkonzentriert wird.

VOLLGAS

Letztendlich ist es immer die schönste Belohnung fürs Pferd: ab auf die Weide! Dort warten vielleicht schon die Pferdekumpel, noch ein gemeinsamer Galopp über die Wiese, ein bisschen gegenseitige Fellpflege, und dann kann man sich in aller Ruhe dem saftigen Gras widmen oder ein Nickerchen halten ...

So beenden Sie und Ihr Pferd den Tag zufrieden und entspannt. Ich wünsche Ihnen auch morgen viel Spaß beim Üben!

MOTIVIERT

Wenn es am schönsten ist, sollte man aufhören ... Finden Sie mit Ihrem Pferd einen gelungenen Abschluss, dann wird es auch am nächsten Trainingstag wieder motiviert mitarbeiten. Vielleicht entdecken Sie durch die Zirkusarbeit ganz neue Seiten an Ihrem Pferd, ganz sicher wird sie aber Ihr Verständnis und Miteinander verbessern. Und vielleicht haben Sie nun Lust auf eine kleine Vorstellung bekommen?

Darf ich vorstellen? Die Akteure

Ich glaube, Sie können auf allen Bildern erkennen, dass nicht nur wir Reiter, sondern auch unsere Pferde unglaublich viel Spaß beim Üben der unterschiedlichen Lektionen und Tricks haben. Die gemeinsame Arbeit verbindet uns und lässt uns manches Problem ganz spielerisch überwinden. Wir wünschen auch Ihnen und Ihrem Pferd viel Freude mit den Zirkustricks!

ANDREA UND FRISKY

Andrea reitet seit ihrer frühen Kindheit und bestritt in der Jugend zahlreiche Turniere. Sie reitet regelmäßig meinen Romeo, damit er in seiner Ausbildung weiterkommt. Vor drei Jahren entdeckte sie mit ihrer Familie die Amerikanischen Miniaturpferde. Die Zucht dieser edlen Rasse ist seitdem ihre Leidenschaft.

ANKE UND DUKE

Anke hat beim Bauern nebenan die ersten Reitanfänge als „Buschreiter“ erleben dürfen. Nach einer Zeit in der Reitschule ist sie jetzt seit sechs Jahren mit dem manchmal sehr eigensinnigen Haflinger Duke ein Team. Durch die Bodenarbeit und die Zirzensik haben beide eine gute Kommunikationsbasis geschaffen.

PETRA UND LUNA

Petra besitzt vier Pferde, vom Shetlandpony bis zur Andalusierstute. Seit vielen Jahren gibt sie Lehrgänge zu den Themen Zirkuslektionen und klassische Bodenarbeit. Ihre Leidenschaft sind die spanischen Pferde. Petra hat mir bei der Ausbildung meiner Pferde, speziell im Bereich der Zirkuslektionen, weitergeholfen.

JENNIFER UND ROMI

Jenny ist die jüngste Akteurin in diesem Buch. Sie und Romi sind seit sieben Jahren ein Team und machen einfach alles miteinander, egal ob es ein Dressurturnier ist, Springen, Geländereiten, Reiten mit dem Halsring oder zirzensische Lektionen. Die beiden gehen gemeinsam durch dick und dünn.

ZUM WEITERLESEN

Eschbach, Andrea und Markus: **Der kleine Erziehungs-Ratgeber für Pferde**, KOSMOS 2020
Gut erzogene Pferde sind sichere Pferde. Wie wir es schaffen, dass unser Pferd brav stehenbleibt, sich ruhig führen lässt und aufmerksam zuhört, was wir von ihm möchten, erklären die Pferdeexperten Andrea und Markus Eschbach.

Krüger, Anne: **Wenn Pferde Komplimente machen**, HarmoniLogie – Kommunikationstraining für Mensch und Pferd; KOSMOS 2019
Anne Krüger-Degener bildet Pferde bis zur höchsten Klasse aus und stellt sie weltweit in beeindruckenden Schaubildern mit Hunden, Ziegen und Enten vor. Ihre Ausbildungsmethode beruht auf einem einzigartigen Konzept: Durch eine klare Körpersprache und genaue Beobachtung entsteht eine feine Kommunikation und vertrauensvolle Nähe zwischen Mensch und Pferd.

Obst, Katrin: **Fit mit Obst**, Noch mehr Übungen aus dem Fitnessstudio; KOSMOS 2020
Obst macht gesund! Von diesem Motto der „hundkatzemaus"-Expertin Katrin Obst profitieren Pferde, Reiterinnen und Reiter, denn die Ausbildung der richtigen Muskulatur, das Training der Faszien und die Dehn- und Biegefähigkeit sind für Tier und Mensch wichtig. Mit Aquafitness, Pole-Dance oder Yoga für Pferde zeigt Katrin Obst, wie viel Spaß gutes Training dem ganzen Pferd-Mensch-Team machen kann.

Schöning, Dr. med. vet. Barbara: **Clicker-Training für Pferde**; KOSMOS 2019
Pferde lernen am besten über positive Verstärkung – das gelingt mit dem Clicker-Training. Motivieren Sie Ihr Pferd zu gewünschten Verhaltensweisen im Alltag, in unerwarteten Situationen, bei der Bodenarbeit und beim Reiten in Bahn und Gelände.

Schöpe, Sigrid: **Bodenarbeit mit Pferden**, Abwechslungsreiche Übungen, die Spaß machen; KOSMOS 2017
Egal ob Warmblut, Araber oder Shetland-Pony – Bodenarbeit gymnastiziert jedes Pferd, schafft Vertrauen und bringt Abwechslung. Sigrid Schöpe erklärt Bodenarbeit Schritt für Schritt und anhand vieler Bilder – vom Schrecktraining bis hin zu einfachen Lektionen.

Schöpe, Sigrid: **Reittraining mit Stangen und Pylonen**, Die besten Übungen; KOSMOS 2014
Immer nur dieselben Lektionen auf dem Reitplatz – das macht wenig Spaß. Mit Stangen und Pylonen lässt sich schnell ein abwechslungsreicher Parcours legen, der Pferd und Reiter vor neue Aufgaben stellt. Dieses Buch liefert viele neue Ideen für das eigenständige Training, Fotos und übersichtliche Skizzen zeigen, wie es funktioniert. So führen schnelle Lernerfolge zu mehr Motivation.

Wilsie, Sharon/Vogel, Gretchen: **Sprachkurs Pferd**, Pferdesprache lernen in 12 Schritten; KOSMOS 2018
Jedes Zucken von Ohr oder Nüster, jede Bewegung des Pferdes hat eine Bedeutung. Pferde reden mit uns, doch die meiste Zeit übersehen wir diese Signale. Mit diesem Übersetzungshelfer lernen wir, die Sprache unserer Pferde zu verstehen und uns mit ihnen so zu unterhalten, dass sie unsere Wünsche verstehen und sich verstanden fühlen.

Wilsie, Sharon: **Mit Pferden sprechen**, Erfahrungen aus dem Alltag mit Pferden; KOSMOS 2019
Viele Geschichten und Fallbeispiele zeigen, wie die bahnbrechende Methode von Sharon Wilsie im Alltag funktioniert und wie wir Pferdesprache im Umgang mit dem Pferd – am Boden oder im Sattel – richtig einsetzen. So kann zu jedem Pferd eine vertrauensvolle Beziehung aufgebaut werden. Das zweite Buch der Bestseller-Autorin!

NÜTZLICHE ADRESSEN

Sigrid Schöpe
Unterricht und Kurse
www.gefühl-fürs-pferd.de

Deutsche Reiterliche Vereinigung e. V. (FN)
Freiherr-von-Langen-Str. 13
D-48231 Warendorf
Tel. +49-(0)2581-63620
pferd-aktuell.de

Vereinigung der Freizeitreiter und -fahrer in Deutschland (VFD)
Christiane Ferderer
Zur Poggenmühle 22
D-27239 Twistringen
Tel. +49-(0)4243-942404
vfdnet.de

Österreichischer Pferdesportverband (OEPS)
Geiselbergstraße 26-32/Top 512
A-1110 Wien
Tel. +43-(0)1-7499261
oeps.at

Schweizerischer Verband für Pferdesport (SVPS)
Papiermühlestr. 40 H, Postfach 726
CH-3000 Bern 22
Tel. +41-(0)31-3354343
fnch.ch

Pferde-News von KOSMOS gibt es auch auf Facebook
facebook.com/kosmos.pferde

REGISTER

Ablegen 38 f.
Aufräumen 66 f.
Aufstehen 38, 41
Aufwärmen 14 ff.

Balance 33
Ball 68 f.
Basisübungen 5 ff.
Bein heben 28 ff.
Bein oben halten 33
Beinekreuzen 62 f.
Belohnung 70 f.
Beobachten 57
Beziehung 25
Biegen 15
Bodenarbeit 4 ff.

Charakter 25

Decke ausziehen 58 f.
Dehnen mit Seil 17
Dominanz 5, 46

Eignung 5, 46
Energie 11
Equipment 12

Flach liegen 42 f.
Freisprung 20
Führstrick 12
Fußball 68 f.
Futterlob 8

Gamaschen 12
Gewicht verlagern 63
Grundlagen 6 ff.

Halfter 12
Handschuhe 12
Handzeichen 11
Hilfen 10
Hilfsmittel 10
Hinlegen 38 f.
Hinterhand dehnen 17

Ignorieren 8

Knien 36 f.
Knotenhalfter 12
Kommando 23, 41
Kommunikation 11
Kompliment 33
Kopf wenden 15 .
Körpersprache 11
Kraftaufwand 29

Leckerli 13
Lernschritte 8
Liegen 38 f.
Liegen mit Reiter 40 f.
Lob 8, 13, 21

Material 12 f.
Mimik 57
Mütze abziehen 60 f.

Nervenkostüm 22 f.

Paso 28 ff.
Plane 23
Plié 26 f.
Podestarbeit 50 ff.
Polka 29
Pylonen 66 f.

Reflex 36
Reihenfolge 25
Ruhe 7, 9

Schlafen 42 f.
Schlangenlinien 18 f.
Schrecktraining 22 f.
Seil 12, 64 f.
Sicherheit 12, 46 f.
Signale 11
Sitzen 44 f.
Slalom 18 f.
Spanischer Schritt 28 ff., 55
Spanischer Schritt, Sitz 30 f.
Springen 20 f.
Stangenparcours 18 f.
Steigen 46 f.
Steigen mit Reiter 48 f.
Stimmsignal 10
Strategie 8
Stress 9

Tauziehen 64 f.
Tor 69
Training 8
Trainingsende 8
Trainingsplatz 57
Tricks 56 ff.

Übereifer 25
Überforderung 9
Überschlagen 63
Übungsplatz 7

Verbeugung 26 f.
Verhalten, natürliches 5
Verhalten, unerwünschtes 8, 57
Verspannung 15
Verständnis 57
Vertrauen 6, 38, 43
Vorhand dehnen 16 f.

Wälzen 39
Wechselschritte 29 ff.
Wiegen 33

Zirkuslektionen 24 ff.
Zubehör 12

Danke

Bei allen Teilnehmer/innen des Fototermins, auch jenen im Hintergrund, wie zum Beispiel Horst Streitferdt, Sandra Reitenbach, Birgit Bohnet und allen Helfern und Helferinnen, die im Laufe der Tage anwesend waren, möchte ich mich ganz herzlich für die Hilfe und Unterstützung bedanken!

BILDNACHWEIS

95 Farbfotos wurden von Horst Streitferdt/Kosmos für dieses Buch aufgenommen. Weitere Fotos sind von Sandra Reitenbach / Kosmos (S. 2, 3, 4, 5 o., 5 u., 6, 7 o., 7 u., 10 l., 10 r., 11 o., 11 u., 12 r., 24, 32, 33 o., 33 u., 46, 47 o., 47 u., 56, 57 o., 57 u., 70, 71 u., 75, 76, 77 sowie alle Bilder auf den Klappen).

IMPRESSUM

Umschlaggestaltung von GRAMISCI Editorial Design, Isabelle Fischer, München, unter Verwendung von zwei Farbfotos von Sandra Reitenbach/Kosmos.

Mit 140 Farbfotos

Alle Angaben in diesem Buch erfolgen nach bestem Wissen und Gewissen. Sie entbinden den Pferdehalter nicht von der Eigenverantwortung für sein Tier. Autorin und Verlag übernehmen keinerlei Haftung für Personen-, Sach- und Vermögensschäden, die aus der Anwendung der vorgestellten Materialien und Methoden entstehen können.

Gedruckt auf chlorfrei gebleichtem Papier

ISBN 978-3-440-17067-0
Redaktion: Birgit Bohnet
Gestaltung und Satz: Atelier Krohmer, Dettingen/Erms
Produktion: Claudia Frank
Druck und Bindung: Westermann Druck Zwickau GmbH
Printed in Germany / Imprimé en Allemagne

FSC
www.fsc.org
MIX
Papier aus verantwortungsvollen Quellen
FSC® C110508

THE SMALL BIG CITY